老年人居住环境研究

贾祝军　王　斌　著

中国林业出版社

内 容 简 介

本书为老年居住环境无障碍设计的综合性读物。全书共分7章,第1章为绪论,介绍我国人口老龄化、老龄化社会和无障碍环境;第2、3、4章是从老年人的生理、心理和行为特性3个方面分别进行研究,指导无障碍设计;第5章从室内空间形态与组织、室内界面处理、室内采光照明、室内色彩与材料质地、室内家具与陈设、室内设施和室内绿化7个方面进行归纳总结;第6章是老年人居住环境无障碍设计案例研究,分析了国内外建筑与室内无障碍设计,并列举了编者参与的工程实践;第7章分析了国内的养老方式,梳理了国外的养老政策。

本书通过调研得到大量的第一手数据,结合文献,进行理论研究,分析设计实例,再指导设计实践,本着实事求是的态度"从调研中来"和设计的初衷"到实践中去",全书逻辑严密,框架合理,图文并茂,直观易读。可作为相关研究人员及工程设计人员学习参考。

图书在版编目(CIP)数据

老年人居住环境研究 / 贾祝军,王斌著. —北京:中国林业出版社,2018.11(2025.4 重印)
ISBN 978-7-5038-8428-3

Ⅰ.①老… Ⅱ.①贾… ②王… Ⅲ.①老年人住宅 – 室内装饰设计 –
高等学校 – 教材 Ⅳ.①TU241.93

中国版本图书馆 CIP 数据核字(2016)第 036420 号

中国林业出版社·教育出版分社

策划编辑:杨长峰 肖基浒   责任编辑:肖基浒 丰 帆
电 话:(010)83143555 83143358   传 真:(010)83143516

出版发行 中国林业出版社(100009 北京市西城区德内大街刘海胡同 7 号)
     E-mail:jiaocaipublic@163.com 电话:(010)83143500
     https://www.cfph.net
经 销 新华书店
印 刷 三河市祥达印刷包装有限公司
版 次 2018 年 11 月第 1 版
印 次 2025 年 4 月第 3 次印刷
开 本 787mm×1092mm 1/16
印 张 9.5
字 数 238 千字
定 价 50.00 元

序

20 世纪 80 年代，我国就已呈现成年型人口年龄结构，少数城市开始进入老龄化社会；到 90 年代，我国老年人口数量和比重持续上升，人口年龄结构开始老化，越来越多的城市迈入老龄化社会。2000 年的第五次人口普查数据表明，中国 65 岁及以上人口占总人口的比重接近 7%，标志着我国进入老龄化国家行列。其后我国以前所未有的速度快速老龄化。截至 2017 年年底，我国 60 岁及以上老年人口有 2.41 亿人，占总人口 17.3%，其中 65 周岁及以上人口 1.58 亿人，占总人口的 11.4%。联合国人口开发署预测，中国 65 岁及以上老年人口数量将在 2060 年前后达到 33%，成为全球老龄化程度最高的国家。

老龄化对家庭关系和国家发展产生深刻影响。从家庭层面上看，老龄化和少子化使传统的家庭结构趋于瓦解，少子化的家庭结构越来越难以承受家庭养老之责，对家庭代际关系产生影响。从国家层面上看，人口老龄化导致劳动年龄人口比重相对下降和劳动力老化，从而导致劳动力供给不足和人工成本上升；人口老龄化导致社会抚养比进一步上升，使养老基金、医疗保健和养老服务的可持续性发展面临巨大挑战。

老龄化问题已成为国家高度关注的社会问题。党的十八大以来，国家出台了多项涉及老年或养老的政策和法规，包括出台加快发展养老服务业意见、修订老年人权益保障法、落实全面两孩政策、制定健康老龄化规划、实施老年人照顾服务项目等。党的十九大报告又提出"积极应对人口老龄化，构建养老、孝老、敬老政策体系和社会环境，推进医养结合，加快老龄事业和产业发展"，为积极应对人口老龄化和老龄社会的挑战做出重大战略安排。

但是，相较于老龄化战略规划进展和政策设计，我国老龄化的理论研究仍然有待深化。从现有的研究文献看，多数研究者从"问题"和"他者"的视角，把老龄化看成一个有待解决的社会问题或人口危机，而很少从老年人自身的视角，研究老龄化给老年人带来的不便和生存危机。例如：随着老龄化进程的加快和高龄化的到来，失能老年人快速增长。面对基于健康活力人群设计的环境，这些失能老年人的生存变得更加困难，而且也进一步导致了老年人心理上的挫败感，最终易导致老年人与社会的区隔和分离。

贾祝军和王斌两位老师长期致力于老年人居住环境和无障碍设计研究，具有较为深厚的理论功底，尤其可贵的是，两位学者将理论与实践相结合，设计了多个无障碍作品，提升了老年人的生活质量。两位作者集长期研究成果和实践经验，出版《老年人居住环境研究》一书，填补了老年人居住环境理论研究的空白，丰富了无障碍设计研究。本书全面分析了老年人生理、心理和行为特性，提出了无障碍设计的原则和方法；从室内空间形态与组织、室内界面处理、室内采光照明、室内色彩与材料质地、室内家具与陈设、室内设施、室内绿化等七个方面对老年人无障碍居住环境的无障碍设计进行了深入研究；并且还对老年人居住环境无障碍设计案例进行了研究，分析了国内外建筑与室内无障碍设计，列举了编者参与的工程实践。本书具有以下几个特点：一是从老年人而非"他者"的视角分析了老年人居住环境对老年人造成的不便，并基于老年人生理、心理和行为特性提出了无障碍设计方案；二是从技术与人文的视角而非纯技术的视角探讨老年人居住环境问题，这不仅体现在无障碍设计的细节中，也体现在全文的人文主义方法中；三是从理论和实践的视角而非抽象的理论分析视角探讨无障碍设计，尤其是对典型案例的分析，不仅提升了理论分析深度，而且也使理论更加生动。希望两位作者在本研究领域继续开拓，进一步深化老龄化和无障碍的理论研究，加强无障碍设计案例分析，为提升老年人生活质量、促进老年人社会融合做出更多的学术贡献。

中国人民大学　杨立雄教授

2018 年 10 月 29 日于求是楼

前　言

随着社会的不断进步，改善老年人生活和居住环境的无障碍设计成为持续关注的热点。本书运用现场跟踪观测法、问卷法和行为模拟法等科学研究方法对老年人从生理、心理和行为特性3个方面进行了深入系统地调查研究。通过对调研所得数据进行分析和研究，总结出针对老年人的在无障碍设计中的对策。

本书采用实证调查研究方法，并结合实际工程案例，对老年人的生理、心理和行为特性进行深入系统地研究，所得研究结果具有科学性、真实性和可靠性，对老年人的无障碍设计具有较强的理论指导意义和实际参考价值。

在编书的过程中得到了很多人的帮助。感谢中国人民大学杨立雄教授、杜鹏教授，感谢北京大学陈功教授，感谢清华大学周燕珉教授和江苏省建筑装饰设计研究院赵鹏院长等人的帮助，感谢陈玲老师、常思佳、丁琪，更感谢所有访谈者的参与。

最后，谨将此书献给关心老年人的研究人员和工程技术人员。

编　者
2015 年 10 月

目　录

第1章 绪 论

1.1 人口老龄化的涵义和指标

2003 年 10 月，我国 60 岁以上老年人口达到 1.34 亿，占总人口的 10% 以上；65 岁以上老年人口超过 9 400 万，占总人口的 7% 以上。截至 2014 年年底，我国 60 岁以上老年人口已经达到 2.12 亿，占总人口的 15.5%。按照国际通行标准，我国人口年龄结构已经开始进入老年型。在今后较长时期内，我国 60 岁以上人口还将继续以年均约 3.2% 较快速度增长，预计 2020 年老年人口将达到 2.4 亿人，占总人口的 17.17%；到 2033 年，老年人口总量将超过 4 亿，老龄化水平推进到 30% 以上。

我国是世界上老年人口最多的国家，人口年龄结构已开始进入老年型，人口老龄化呈现五个方面的特点。一是老年人口基数大。60 岁以上老年人口是世界老年人口总量的 20%，是亚洲老年人口的 50%；二是老年人口增长速度快。从 1980—1999 年，在不到 20 年的时间里，我国人口年龄结构就基本完成了从成年型向老年型的转变；三是高龄化趋势明显。近年来我国 80 岁以上高龄老人以年均约 4.7% 的速度增长，明显快于 60 岁以上老年人口的增长速度；四是地区老龄化程度差异较大；五是人口老龄化与社会经济发展水平不相适应。欧美一些发达国家在进入老年型社会时，人均国内生产总值一般在 5 000~10 000 美元左右，而我国目前尚不足 1 000 美元，是典型的"未富先老"国家。

1.1.1 人口老龄化的涵义及认识

人口老龄化就是在一个社会里老年人寿命延长，老年人不断增多。这是字面上的理解。王益英主编的《中华法学大辞典》对这一概念作这样的界定：

人口老龄化，又称"人口高龄化""人口老化"。指老年人口在总人口中的比例增大的状态和趋势，反映人口出生率和死亡率下降，中位年龄上升，老年人口系数逐步提高的过程。国际上通行采用 60 岁或 65 岁及以上的老年人口占总人口的比重来表示。60 岁及以上老年人口占总人口的比重达到 10% 以上，或者 65 岁及以上老年人口占总人口的比重达到 7% 以上，表明这个国家或地区的人口进入老龄化。20 世纪 80 年代至 20 世纪末，是我国人口由成年型向老年型过渡的转变时期。到 2000 年，我国进入老龄化社会。为解决人口老龄化问题，国家将不断建立和完善养老保险制度，使老年人的社会保障得以更好地实现。现分述如下：

(1) 人口老龄化是人口老化，有别于个体老化，但个体老化是人口老化的前提

人口老龄化反映的是人口出生率和死亡率的下降，死亡率下降意味着人口寿命的延

长，这样就牵扯到个体老化。如果大多数人在中年时就死亡或在儿时就夭折，个体还未来得及老化，也就不会出现社会性的人口老龄化。有了个体的老化，才会有整个社会的人口老化。

人口老化是指个人从出生开始，经历发育、成熟到衰退的一个缓慢的生理过程，人体细胞、有机组织、内脏器官的功能都不断衰退老化。袁缉辉、张钟汝主编的《老龄化对中国的挑战》一书中的观点认为，个体老化常与生物、心理、社会等各种现象交织在一起，其特征表现在以下5个方面。

年代老化——是指新年增岁，从出生后所积累的岁数。一般岁数越大，年代老化程度越深。但年代老化并不能准确测量一个人真正的老化程度，年代老化与心理老化有差距。

心理老化——是指人的感知觉、记忆、智能等的衰老过程。这种现象具有明显的个体差异。从目前最常用的韦氏成人智力量表测试结果看，一般人要到75岁后才显示智力有衰退迹象、但有些人刚到55岁就深感脑力不济，有些人到了80岁高龄还保持较高的智力水平。我国历史上就有姜太公80高龄出山辅佐周文王和周武王两朝君王，政绩显赫。

生物老化——是指人体结构和生理上的衰老。比如视听力衰退、牙齿脱落、皱纹增多、行动不便、疲劳不易恢复和对疾病抵抗力差等。

社会老化——是指由于年龄老化而导致的社会角色的变化。比如第三代诞生后，被周围人改称之为"爷爷奶奶"，社会辈分高了，人感到"老"了，又如年岁大了，从单位离退休或把家务权转移给儿子或媳妇，不再扮演职业角色或"当家人"角色了。

功能老化——是指由于年龄老化而导致的职业能力、工作效率的减低、比如一个人从职业来讲在刚踏上工作岗位时要经历探索适应阶段；经验日益丰富，进入出成果创业绩阶段；随着年事增高，体力衰退，又陆续经历维持、引退2个阶段。在职业生涯的5个阶段中，前3个阶段职业能力很明显是呈上升趋势，在后2个阶段，职业能力、经验、干劲要素不一定会下降，但体力要素无疑下降较著。虽然经验丰富可以弥补体力衰退之不足，但职业适应范围肯定要缩小，相对职业能力要差些。

以上5个方面的老化是个体老化的具体表现，但实际上最基础的老化还是表现为3个方面，即生理、心理和社会。个体的生理和心理老化及特征将在下一章具体阐述，这里就不详细说明。社会方面的老化在后面的几章也会具体阐述，这里对个体老化的方面稍作辨析。

有人也将个体老化的社会方面称为个体社会老龄化，即指个体进入老年后在社会生活方面出现的特定变化，通常是有消极和退隐含义的。由中国老年学会会长邬沧萍教授主编的《社会老年学》一书中即采用这个看法，把个体老化称为个体老龄化。而个体社会老龄化是指个体进入老年期以后个体与社会互动关系的弱化，或者是指个体与社会主导领域的脱离。从社会角度来说，由于老年人生理和心理变化，无法继续成为社会生产的主角，因此被排斥在社会生产的主流群体之外。强制退休制度虽然有经济学上的背景，反映了社会对劳动力的保护，但也隐含着社会对个体老龄化的一种否定态度。从个体角度来说，老年人生理老化常常导致心理老化，又导致社会老龄化。个体社会老龄化在形式上还表现角色中断或次一级角色变换，如退休或丧偶都会产生角色上的变化。个体社会老龄化主要揭示个体老化在社会学方面的特征，同时它也离不开个体生理和心理老化的影响，也离不开个体差异性的影响。所以，个体社会老龄化是个体老龄化水平的综合和整体体现。个体社会老龄化是从社会关系角度看一个人老化的过程，这不同于人口老龄化。虽然人口老龄化也是从整体社会出发看老年人口情况，但它是宏观的，不体现人与人关系，每一个人只是作为统计学上的一个元素。

(2)人口老龄化是一种过程，它有别于人口结构中的老年型结构

人口结构是人口的一种自然结构，即性别、年龄结构。人口年龄结构分为年轻型、成年型和老年型。老年型结构主要是指60岁或65岁以上的老年人所占比例高，少年人口所占比例下降的一种年龄结构。老年型结构是一个静态的指标，可以看作人口老龄化的现象，但这不能完全解释人口老龄化。人口老龄化不仅是一种年龄结构，同时也是一种过程。人口老龄化是人口年龄结构从成年型向老年型转变甚至向高龄化发展的人口变动趋势。老年人自古有之——就是指上了年纪的人，但是老龄化却是在近一百年间才出现、发现的。老龄化的出现与发现源自欧洲生育率的下降。至今一百多年，欧洲仍然在老龄化，从初期老龄化向老龄化严重阶段转化。

(3)人口老龄化不仅仅是老年人口的变化

人口老龄化意味着老年人口增多，更确切地说是老年人口在整个社会总人口中所占的比重增加。老年人口增加的同时，社会总人口减少或维持不变，就会出现人口老龄化。这是人口结构的变化，老年人口在上面，少年人口在下面，形成了一个倒金字塔的结构。

(4)人口老龄化是人类社会发展的必然趋势

历史已经证明，任何国家和社会都无法拒绝老龄化。这是生产力发展和人类社会进步的必然结果，是经济发展、科技进步和人类寿命延长的一种进步性标志。可以说人口老龄化是工业化、现代化、城市化和科学技术等的发展带来的。生产力的发展导致死亡率下降，通常会趋于使人口出现老龄化。生产力提高，首先表现在物质的产量增加，粮食和肉类的产量提高，使人类的营养水平大大提高，遇到饥荒也能以丰补歉；其次是工业革命推动了加工业的发展，生活水平提高，水利建设等设施减少了自然灾害的死亡人数；最后，科学技术的发展和卫生医疗技术的提高，使得死亡率进一步下降，人口的平均寿命延长。生产力加速发展，出生率下降，这是人口老龄化的决定性因素。过去，生产力是靠人力来实现发展，一个家庭的富裕主要看人数的多少，在传统农业的条件下每个家庭通常通过提高生育率来实现富裕。而到了现代，工业和现代农业发展，生产率大大提高，已经不需要那么多的人进行劳动；婴儿死亡率的下降，也使家庭用追求子女高素质来代替追求子女数量；广大育龄人群的教育水平提高，生育观念改变，再加上避孕技术的提高，使得妇女生育率下降。

(5)人口老龄化最先开始于发达国家，现已成为全球现象

20世纪50年代初，人口老龄化便成为联合国一直关注的问题。我们来看一下联合国《2002年马德里老龄问题国际行动计划》导言中的部分内容，这是目前世界人口老龄化的具体情况。

①在维也纳举行的第一次老龄问题世界大会通过的《老龄问题国际行动计划》，在过去

20年来各项重大政策和倡议不断演变的过程中一直主导关于老龄问题的思考和行动方向。1991年制定《联合国老年人原则》时讨论了老年人的人权问题，该原则在独立、参与、照顾、自我实现和尊严等方面提供指导。

②在20世纪，人口寿命发生了巨大变化。平均预期寿命从1950年延长了20年，达到66岁，预计到2050年将再延长10年。人口结构方面的这一长足进展，以及21世纪上半叶人口的迅速增长，意味着60岁及以上的人口将从2000年的大约6亿，增加到2050年的将近20亿，预计全球划定为老年的人口所占的比率将从1998年的10%增加到2025年的15%。在发展中国家，这种增长幅度最大、速度最快，预计今后50年里，这些国家的老年人口将增长为现在的4倍。在亚洲和拉丁美洲，划定为老年的人口比例将从1998年的8%增加到2025年的15%，但是在非洲，同一时期内这一比例预计仅从5%增加到6%，可是到2050年这一比例将增加一倍。在撒哈拉以南的非洲地区，与艾滋病毒/艾滋病的斗争，以及与经济和社会贫困的斗争还在继续，因此，这一比例将只达到上述水平的一半。欧洲和北美洲，在1998—2025年期间，划定为老年人的比例将分别从20%增加到28%，以及从16%增加到26%。这种全球的人口变化已经在各个方面对个人、社区、国家和国际生活产生深刻的影响。人类的每一方面——社会、经济、政治、文化、心理和精神上都将产生变化。

③目前正在发生的显著的人口结构转型变化，20世纪在世界人口中造成年老和年轻的各占1/2的现状。就全球而言，2000—2050年期间，60岁及以上的人所占的比例预计要增加1倍，由10%增加到21%；而儿童的比例预期将下降1/3，即从30%下降至21%。在若干发达国家和转型期经济国家，老年人人数已超过儿童人数，而且出生率已降到更替水平以下。在某些发达国家，在2050年年底以前，老年人人数将比儿童人数多出1倍以上。在发达国家，每71名老年男性平均对100名老年女性的比例预计会增加到78名。在较不发达区域，老年妇女超过老年男性的比例，不如发达国家那样高，预期寿命性别差异一般要小一些。目前，发展中国家两性的比率是在60岁以上的人口中平均每88名男性对100名女性，预计到21世纪中叶将稍稍发生变化，成为87名男性对100名女性。

④人口老龄化即将成为发展中国家的一个主要问题。预计21世纪上半叶发展中国家人口将迅速老龄化，在2050年年底以前，老人所占比例预计将由8%上升到19%，但儿童所占比例将由33%下降到22%。这种人口变化对于资源是一个重大挑战。虽然发达国家是逐渐地老化，但这些国家仍面临着老龄与失业及退休金制度的可持续性之间关系所造成的挑战；而发展中国家却同时面临发展问题和人口老化问题。

⑤发达国家和发展中国家之间还存在人口结构方面的其他重要区别。目前在发达国家，绝大多数老年人生活在划定为城镇的地区；但在发展中国家，多数老年人生活在农村地区。对人口结构的预测表明，到2025年，发达国家82%的人口生活在城镇；而发展中国家生活在城镇的人口不到其他人口比例的一半。在发展中国家，农村老年人比率超过城镇地区老年人比率。对于老龄化与都市化之间的关系还需要做进一步研究，但目前的趋势表明，许多发展中国家的农村地区老年人比率将会增加。

⑥关于老年人所生活的家庭形态，发达国家和发展中国家之间也存在着显著区别。在

发展中国家，许多老年人生活在几代同堂的家庭。这些区别表明，发展中国家和发达国家的政策和行动也将会有区别。

⑦在老年人口中增长最快的群体就是最老的老人，即80岁以上者。在2000年，他们总共有7000万人，预计在未来50年内将增加5倍以上。

⑧老年妇女人数超过老年男人，而年岁越高超过越多。世界各地老年妇女的境况必须成为采取政策行动优先考虑的问题。认识到老龄对妇女与男子影响的差异，对保证男女地位平等以及采取有效措施来处理这一问题是必不可少的。因此，在所有政策、方案和法律中保证纳入性别观念是至关重要的。

欧洲发达国家是最早进入人口老龄化的国家，并且目前几乎所有的欧洲国家65岁及以上的人口比重都达到10%以上。法国在19世纪初65岁及以上人口比重就超过了5%，1865年这一比重达到7%，进入了老龄化社会。瑞典也在1890年老年人口比重达到7%，1975年已经达到14%。荷兰也是从19世纪50年代开始老龄化，1950年65岁老年人口比重达到7.8%，1980年增加到11.5%，到2000年时80岁到89岁、90岁到99岁的老人比1980年增加1/3还多。美国社会目前也在急剧老龄化，19世纪末美国65岁及以上的老年人口有2600万，每9人中有一个老人，而预计到2030年时每5人中就有一个老人。美国人口普查局认为美国在2030年的时候，多个州的65岁以上老年人数将超过18岁以下年轻人。2000年美国没有任何州的老年人数超过年轻人数，但25年之后，佛罗里达、特拉华、缅因、蒙大拿、新墨西哥、北达科他、宾夕法尼亚、佛蒙特、西弗吉尼亚和怀俄明等10个州的老年人数将超过年轻人。到2030年，美国26个州65岁及以上老人数量将是目前的2倍；第二次世界大战后生育高峰期出生的人都将迈入80岁。日本的人口老龄化现象也很典型，截至20世纪末，65岁及以上人口比重达到9.3%；据预测，到2025年，这一比重会达到23.9%。由于日本人口出生率与死亡率大幅度下降，大量人口老化，因而直接从事生产劳动的人口减少，需要扶助的人大量增多。这种人口年龄结构的巨大变化，对日本经济的发展产生了巨大影响。作为人口第一大国，最大的发展中国家，中国的人口老龄化也比较典型(在本章第三节论述)。根据联合国预测，21世纪上半叶，中国一直是世界上老年人口最多的国家，占世界老年人口总量的1/5。21世纪下半叶，中国也还是仅次于印度的第二老年人口大国。发展中国家中的另一个人口大国印度，也面临着比较严峻的人口老龄化形势。根据印度1991年的一项调查显示，有74%的人口居住在城市，但却有78%的老年人口居住在农村；在农村65岁及以上老年人占总人口比例为7.8%，在城镇老龄化比例却为6.3%。印度如此，中国也如此，农村的人口老龄化现象更需要引起关注。在印度，80岁以上高龄老人占老年人口的比例，将从2000年的0.6%上升到2050年的3.1%。

1.1.2 人口老龄化的指标体系

(1)年龄界定

先说一下关于年龄的3种界定：年代年龄、生理年龄、心理年龄。

①年代年龄。是指人们习惯采用的按岁月的增长顺序来计算人的生命历程，即年龄的

大小。我国历来把年过花甲(60岁)的人视为老年人。在国际上,各个国家和机构颁布的各种文件或诸多学者所做的研究中提到的老年人和老年人口,都是以年代年龄为准。1982年联合国第37届会议上规定60岁及以上的人称为"老年",同时规定一个国家或地区60岁及以上的老年人口占总人口的10%或65岁及以上的老年人口占总人口的7%,即老年型国家或地区。

②生理年龄。是指一般人达到一定年代年龄的生理及其功能的发展水平,用以表示随着时间的推移机体机构和功能的衰老程度。例如有人虽然年满60,但是他的身体矫健,视力仍然很好,没有老花现象,所以可以说他是60岁的年龄,50岁的视力,40岁的身体。2008年北京奥运会上就有一位60多岁的运动员参加马术比赛,参加马拉松比赛的最大年龄选手也有50多岁,但是他们的身体条件、生理年龄不比年轻选手差。判断一个人的生理年龄,可以依据他的肌肉强度的减退、肺活量的降低、心脏射血量的减少、尿生成减慢以及新陈代谢速率的减低程度等生理指标进行综合判断。

③心理年龄。实际上是"社会心理年龄",是指由社会因素和心理因素造成的人的主观感受的老化程度。我们经常会做一些趣味心理测试,"测测你的心理年龄",或者说一个人很成熟、很幼稚,都是指社会心理年龄。但是心理年龄还包含另外一种年龄,即"智力年龄",表示一个人的智力发展达到的某一年龄水平。与智力年龄相关的就是智商(IQ)。智商是智力年龄与实际年龄之比,为避免计算中的小数,将商数再乘以100,就是智商值。

无论是年代年龄,还是生理、心理年龄,判断的是一个人是不是老年人,而不是一个国家或社会是不是老龄化社会。判断一个国家或社会是否步入到老龄化社会,它的老龄化是何种程度,另有一个老龄化指标体系,主要有以下几组判定标准。

这是判断一个国家或地区是否进入老龄化的最基本指标。把总人口按年龄划分成3组,0~14岁是少年人口,这部分人口占总人口的大多数,达到40%以上,那么这个国家或地区就是年轻型人口;15~59岁或15~64岁的人口被视为成年人口,这部分人口占总人口的大多数,则是成年型人口;60岁及以上的占总数10%或65岁及以上的占总数的7%,即老年型人口。

(2)程度指标

常用的指标包括老年人口比,少儿人口比,老少比,人口年龄中位数。

程度指标也是一组比较常用的指标。

①老年人口比。又称老年系数,指60岁或65岁及以上老年人口占总人口的百分比。在实际使用中,最为广泛使用的指标是联合国的划分方法,以65岁及以上老年人口比例在7%以上的为老年型人口。在发展中国家,多采用60岁为老年人口的年龄起点,当60岁及以上老年人口占总人口比例在10%以上为老年型人口。

②少儿人口比。即少儿系数,指少年儿童的人数占总人数的百分比。

③老少比。是老年人口与少儿人口数之比。在以60岁为老年人口年龄起点的情况下,老少比等于60岁及以上人口数,除以0~14岁少儿人口数的百分比;老少比低于15%的人口为年轻型人口,高于30%的人口为老年型人口,介于两者之间的是成年型人口。

④人口年龄中位数。就是将总人口按年龄排列分成人数相等的两部分的年龄,它表示

总人口有一半人的年龄在中位数以下，一半人在中位数以上。年龄中位数的上升或下降可以清楚地反映总人口中年龄较长的人口所占比例的变动情况。这是度量人口年龄结构的常用指标，也是度量人口老龄化的基本指标之一，如果人口年龄中位数提高了，则人口一般出现老龄化；如果降低了，则人口一般为年轻化。一般来说，年龄中位数低于20岁为年轻型人口，在30岁以上是老年型人口，介于两者之间是成年型人口。

（3）社会经济影响指标

抚养比，又称负担系数，是指人口中非劳动年龄人口与劳动年龄人口的百分比，它度量了劳动力人均负担的赡养人口的数量。在现实经济中可以把人口大体分为少儿人口、老年人口和劳动年龄人口。老年抚养比就是老年人口与劳动年龄人口的比，直接显示了劳动力的养老负担；少儿人口抚养比是少儿人口与劳动年龄人口的比；总人口抚养比则是少儿人口与老年人口之和与劳动年龄人口的比，也就是少儿人口抚养比与老年人口抚养比之和。抚养比高，则劳动年龄人口人均负担的抚养人数就多，就意味着劳动力的抚养负担沉重。人口老龄化的结果将直接导致老龄人口抚养比的不断提高。

（4）速度指标

速度指标指老年人口比的年平均增长率，老年人口比达到某一水平所需要的年数。

由于对人口老龄化的速度进行测度是比较困难的，一般要经过一个较长时期才能确定。老年人口比达到某一水平所需要的年数，主要看用多少年能达到老年型人口（即60岁及以上的老年人口比达到10%，或65岁及以上的老年人口比达到7%），但由于起点很难确定，所以该指标不常使用。现在更多的是使用65岁及以上人口比例由7%增加到14%即翻一番所用的时间。例如，法国用了115年，瑞典用了85年，而日本仅用了26年。

（5）长寿水平

长寿水平是指高龄人口占老年总人口的比重，高龄老年人口比。

在对老年人口群体进行研究时，通常60～69岁称为低龄老年人口，70～79岁称为中龄老年人口，80岁以上称为高龄老年人口。中龄老年人口和高龄老年人口在全部老年人口中所占比重不断提高，意味着老年人口出现高龄化趋势。

1.2 老龄化社会的内涵与特征

1.2.1 老龄化社会的内涵

人类社会两百多年前便开始有了老龄化社会。老龄化社会通常也称为老龄社会，但不要误解为社会完全由老年人组成。而更主要的是，老龄化社会除了与"老龄"有关，它还重在这个"化"字，体现老龄化社会的形成过程。老龄化社会是一个新的社会形态，不像过去社会那样，用足够的生育率来保证劳动力的充足，所以老龄化社会也可以说是生产力进步的结果。它不是原来就存在的，也不是突然出现的，它是社会逐步地从成年型过渡到老年型的。如果一个国家或地区65岁及以上的老年人口占总人口比重的7%以上，那么这个国家或地区就步入了老龄化社会。也就是说一个国家或地区只要人口结构步入老龄化，那就是老龄化社会。老龄化社会的形成过程就是老龄人口在总人口中的比重不断上升的过程。

　　老龄化社会还有一种更重要的情况，就是社会结构随着人口的老龄化而发生相应变化，形成适合于老年人口比重增大这一现实的某些新型特征。如果这样的特征已经比较稳定，可以说也已成为老龄社会；如果这些特征正在出现和发展但还不稳定，只能说处在老龄化的社会阶段。总之，人口的老龄化并不标志着社会进入老龄化社会，或老龄社会阶段，必须是社会结构各种制度也发生了相应的转变，才可称为老龄（化）社会。

1.2.2　老龄化社会的特征

　　（1）三种社会形态比较

　　人口结构类型分为年轻型、成年型和老年型，相应地，人类社会也可以划分为年轻型社会、成年型社会和老年型社会（老龄化社会）。老年型社会被称为老龄化社会，那么年轻型和成年型社会则可以被称为前老龄社会。无论是欧洲还是其他一些拥有悠久历史的国家，如我国，都经历了漫长的年轻型社会，而成年型和老年型的社会形态只是近几个世纪才发生的事情，与年轻型社会相比时间都很短暂。以上介绍老龄化社会形态转化的过程，以下说明3种社会形态的联系与区别。在这里，主要采用党俊武在《老龄社会引论》中的3种社会形态比较表的内容进行分析。

　　第一，在经济方面，年轻型社会年轻人口多，青年劳动力充足，少儿抚养比高，城市失业率高，农村劳动力充足，第一，二产业发达；产业和产品的年龄指向不鲜明，少儿和成年是消费主体，财富主要流向少儿和成年。待到成年型社会时，45岁以上的劳动力增加，少儿抚养比缓慢下降，老年抚养比缓慢增长，全社会的失业率高；第三产业的比例上升，面向少儿和成年人的产业指向明晰，亲少儿和亲成年产品市场成熟；少儿和成年成为消费主体，老年消费群体缓慢增多，财富流向少儿和成年人，流向青少年的财富更为集中。过渡到老龄化社会，青年劳动力相对缺乏；老年抚养比高，社会就业情况供小于求，劳动力短缺；产业和产品的年龄指向鲜明，面向老年人的产业和产品市场发展前景广阔，老年消费群体崛起成为主体之一，财富分流并向老年人转移。

　　第二，在社会方面，年轻型社会里的家庭主要是联合家庭和扩展家庭，以家庭养老为主，公共基础设施和公共卫生不发达，没有年龄特征，采用传统教育，社会服务不发达，生活方式都是短期行为。成年型社会的家庭类型主要是联合家庭和核心家庭，在城市以社会养老为主，公共基础设施主要用于照顾少儿，公共卫生面向所有的人群，采用学历和职业教育，社会服务面向少儿和成年人，生活方式上忽视老年期的准备。老龄化社会的家庭类型除了核心家庭外还出现空巢家庭、421结构家庭（两对父母、一对夫妇和一个子女），养老方式为家庭和社会养老相结合，公共基础设施形成了亲老年人的无障碍环境；老年人是公共卫生的消费主体，讲究现代终身教育、老年教育，面向老年人的社会服务发展前景广阔，生活方式上重视生命的全过程。

　　第三，在政治方面，年轻型社会的政治为传统政治；成年型社会在选民年龄结构上以成年人为主，老年选民比例低；到老龄化社会，老年选民成为压力群体。

　　第四，在文化方面，年轻型社会的年龄文化是一种前喻文化（老年崇拜），成年型社会是后喻文化(青年崇拜),老龄化社会是同喻文化(年龄平等文化)。在价值观念上,年轻型社会强调老年人的利益,成年型社会强调青年人和成年人的利益,老龄化社会则强调代际公平。

在这里需要强调的是,以上仅是对比老龄化社会与前老龄社会的区别,是老龄化社会的一般性特征。这里没有表现出不同发展程度地区差异、历史阶段差异、经济和社会制度差异,以及文化差异下各老龄化社会的区别。

(2)老龄化社会的具体特征

人口老龄化是老龄化社会最主要、最基本的特征。只有人口老龄化,才会出现老龄化社会,但这只是它的人口结构基础。老龄化社会不只是人口老龄化,它还包括由于这样的人口结构所带来的各种社会变化和问题。

人口老龄化有这样几个特点:①老龄化社会的出生率和死亡率与前老龄社会相比都急速减低,出生的人口减少,婴儿死亡率低,人的平均寿命增长,长寿的老人越来越多。②进入老龄化社会,60或65岁及以上的老年人口增多,并且在老龄化程度不断加深的过程中出现了高龄化的趋势,即70岁以上的中龄老年人口和高龄老年人口的比重增加;伴随这种现象出现的还有劳动力老龄化,退休年龄在逐渐往后推迟。

从经济方面来讲,生产力和社会经济发展促进了老龄化进程,同时人口老龄化也为经济带来深刻影响。第一,消费与投资结构发生变化。少儿人口减少,老年人口增多;消费主体结构变化,面向老年人口的产品产业也会增加,但消费总量无明显变化。在私人消费结构上,老年人的家庭支出中食品、服装、交通、娱乐等方面的支出比例低于其他家庭,而在健康、医疗等方面支出比例明显高于其他家庭。老龄化社会的投资结构主要表现在私人投资和公共投资两方面。一般来说,人口老龄化导致家庭户数增加,会刺激私人投资;但在其他条件下,可能由于心理因素的影响,老年人会减少投资,导致私人投资的减少。公共投资结构会发生较大变化,那些与人口数量有关的公共投资,如学校、住宅、交通等减少,而医院和其他保健服务机构的投资需求会增加。第二,公共消费支出发生很大变化,特别是表现在卫生医疗和养老金支出上。老龄人口是一个高消费的群体,必然会增加政府的负担。老年抚养系数的增长也增加了纳税人的负担,对生产的积极性可能会产生影响。第三,更多的老年人退休,而进入劳动力市场的青年人相对减少,劳动年龄人口减少,而空出来的工作岗位相对增加,缓解目前老龄社会大量失业情况。但是从另一方面来看,这种情况对本来就劳动力缺乏的国家相当不利,许多老龄化程度高的发达国家就面临这种情况,这些国家会鼓励老年人参加生产,从而影响了整个劳动力的年龄结构。第四,在劳动生产率方面,大部分人认为老龄化社会的劳动生产率会下降。这是因为老年人口的体力和精力都会下降,劳动积极性不高。虽然老龄化社会的教育机制是终身教育,但是超过一定年龄限度,人力资本投资就会停止,老年人在接受和掌握新知识、新技术时处于弱势;同时,随着年龄的增长,老年人的流动愿望就会减弱,不利于劳动力的流动。因此,在此基础上,劳动生产率会降低。第五,养老保障制度趋向完善。在解决老龄化社会阶段的养老问题时,各国最主要的手段是完善养老金制度。养老金制度完善与否还会间接影响储蓄。当国家的养老制度不完善的时候,人们更加趋向于家庭和个人养老,最主要的手段就是增加储蓄，这就不利于消费和投资。

从社会方面来讲，老龄化社会的变化是最大的。第一，家庭结构缩小。在年轻型社会，家庭结构主要是联合家庭和扩展家庭，就像我国古代那样，以氏族为单位的大家庭，祖辈孙辈都住在一起，多兄弟姐妹，多叔伯婶母。在成年型社会，则主要是联合家庭，核心家庭也越来越多。而在老龄化社会里，主要以核心家庭和空巢家庭为主。一个家庭往往只有父母和几个子女。尤其是中国实行计划生育，往往只是三四口之家；待到子女成年离家，就只有上了岁数的父母。老龄化社会还出现了丁克家庭增多的趋势；夫妻二人都有收入，在养老上也没有负担，因此改变了以前养育子女为防老的功能。所以这些有经济条件的夫妻极有可能选择不生育子女。第二，随着以上的变化，养老方式也发生了巨大的改变，逐渐从家庭养老过渡到社会养老。当然像中国这样经济不发达的发展中国家，做到全面的社会养老是很困难的，所以同时还与家庭养老的方式相结合。第三，公共基础设施、公共卫生、教育和社会服务方面，在年轻型社会条件下，都没有鲜明的年龄特征。在成年型时，出现了亲青少年、成年人和残疾人等弱势群体的倾向。在老龄化社会，考虑以上条件下，更加倾向于老年人的需求特点。老年人是卫生保健的主体，所以这方面更关注老年人的需求。教育上，更是出现了如老年大学这样的老年教育体系。老龄化社会的教育是终身的教育，真正体现活到老，学到老。第四，代际关系也发生了变化，这主要是由于人口数量变化而导致的资源和利益关系格局的转变。这种代际关系使家庭、社会组织都发生了变化。在传统农业社会里，老少的代际关系是比较和谐的，老年人是家庭的经济活动中心，年轻一代的经济作用是靠老年一代的帮助，从他们那里学习生产经验。年轻一代的财产直接从老年一代那里继承下来，而老年一代也要靠年轻一代养老。这是一种以老年人为中心的相互依存的代际关系。到了工业化时期，年轻一代已经不需要依靠上一辈人的帮助，他们自己创造收入来源；而且在生活方式上两代也出现很大分歧，老一代人保守，青年一代富有活力。而在现代社会中，代际关系出现了不协调的情况，主要表现在经济方面。老年人增多，青年人减少，但青年人要负担更多的老年人的养老。在很多发达国家出现了社会资源向老年一代倾斜的情况，很多年轻人认为社会保障和医疗保障方面造成了社会资源的代际不平等分配。而在中国，情况正好相反，对老年人的保障明显落后于经济的发展。

从政治方面来讲，老龄化社会的年龄结构发生很大变化，老年人口比重增加，老年选民也增加了。同时，虽然很多老年人离开了工作岗位，但他们仍然拥有丰富的工作经验和社会经验，很多人还拥有一定的社会资源和社会影响力。他们在政治参与和政治活动过程中占据着越来越重要的地位，有些老年群体甚至会成为"压力集团"。但总的来说不会出现"老年政治"。目前为止，世界各国都没有出现这种情况，即使西欧各国的老龄化程度已很高。将来"老年政治"也不会出现，因为老年人不可能成为政治生活的主体。政治地位，尤其在欧美的资本主义国家，绝大多数取决于他的经济地位，社会政治生活是以创造积累社会经济财富为基础的，而不是以享受社会经济财富为基础。老年人作为享受社会经济财富的主体，是不可能成为政治生活的主体的。另外，在现代社会里，老年人无法成为政治主体的另一原因是老年人缺乏与时俱进的知识和技术，思想和观念常常落后于时代。但是，随着老年人口的数量的增加，他们在政治、经济等方面的呼声不断提高，因此政治上，政府在制定各种政策的时候，会充分考虑老年群体的需求，并且制定专门维护老年人利益的法律法规。在现代社会中，大多数老年公民都会直接参加社会的政治活动。例如，美国的一项研究表明，老年人是总统选举投票的积极参与者，大多数人都很愿意参与政治选举，借助媒体参与对政府公务活动的监督和提出个人的意见和建议。在西方一些国家里，老年人成了各方政党积极拉拢的对象，是一个不可忽视的社会政治资源。

从文化价值方面来讲，这方面的变化可以说是达到了最根本的变革。第一，在古代的年轻型社会里，由于生产力和技术的落后，知识水平的有限性，老年人是一个社会的权威和权力核心。全社会都尊老、敬老甚至畏老，在中国古代甚至出现了老年崇拜、祖先崇拜。这时社会的文化价值导向是偏向于老年人的，并且根植于整个社会体制、政治、家庭之内。而随着生产力的发展，到了成年型社会，尤其是工业革命开始之后，大量的青壮年成为社会的生产主体，他们掌握着国家的生产活力；老年人对生产力的发展贡献不大，不再占据社会的权威地位。这时，成年人和青年人成为知识、经验的来源，他们成为权威。在有一些社会里，甚至出现了歧视老人、遗弃老人的现象。但在进入到全球性的老龄化时代的时候，年龄歧视，主要是指针对老年人的歧视，它的存在对社会发展不利。联合国提出了建立"不分年龄、人人共享的社会"的文化价值导向，《联合国老龄问题维也纳国际行动计划》中指出："社会发展的一项重要目标是实现一个不分长幼的人人融为一体的社会，在这个社会里，年龄歧视和非自愿隔离已被消除，而世代之间的团结和互助得到鼓励。"第二，代际价值观的变化——"代沟"问题。代沟，已经成为现代社会最常出现的词语之一。在青少年不理解父母的观点和做法的时候，总是说"我们有代沟"，甚至有人还说三岁就有一个代沟。可见，代际之间在观念意识、文化价值观上存在着很大的差距。在古代社会，尤其是中国，历史悠久，但同时价值观也很单一，整个封建社会无论哪个朝代几乎都受到儒家思想的影响。在这种"天不变，道亦不变"的社会，代际之间在价值观念上几乎没有差异。但从工业社会开始到现在的信息时代，社会发展日益加快，价值观呈现快速变化和多元化，年轻一代在这种社会里跟上时代的脚步，接受各种新的观点，而大多数老年人则保持原有的价值观。这样，老年一代便和年轻一代出现了很严重的代沟。

（3）不同类型的老龄化社会

根据老龄化社会的发展进程和速度来看，世界上的老龄化国家大致可分为同步式和超前式两类。法国就是同步式国家，它的老龄化完全是由于生产力和经济的发展。当生产力达到一定的水平，出生率和死亡率同时降低，老年人口比重增加，就出现了老龄化。出现同步式老龄化的国家一般都是发达国家。而发展中国家的老龄化进程通常都是超前式的，经济还没有充分发展，老龄人口比重就迅速增加。因此，对比这 2 种类型老龄化社会，就可以了解发达国家与发展中国家的老龄化的区别。

首先，最主要的区别即老龄化进程与经济的关系。发达国家的老龄化都是伴随着工业化、现代化和城市化的迅速发展而来的，这时经济已经很发达，物质基础雄厚，大部分国家的人均国内生产总值都在 1 万美元以上；而且相应的制度和法律也趋于成熟，面对由老龄化带来的社会压力较小。而发展中国家在进入老龄化社会之前，经济、制度、法律和社会都没有达到相应的水平，在老龄化初期就面临很严重的问题。另外，发达国家老龄化速度缓慢，老龄化带来的问题也相对比较分散，国家与社会有充分的时间面对和解决问题。但是发展中国家的问题都在快速老龄化的时候集中而来，使得问题更加严重。

其次，在年龄结构上也有明显差异。从老年人年龄结构上看，发达国家与发展中国家存在着明显差异。在发达国家中，70 岁以前各年龄组人口比重低于发展中国家，而 70 岁以后各年龄组的比重则高于发展中国家。这表明老年人年龄结构状况同国家发达程度相关，国家越发达，中高老龄比重越大。工业革命开始之后，西方发达国家到 18 世纪死亡率开始下降，出生率的下降稍微滞后，一直到 19 世纪中期出生率才有明显下降。发展中国家在第一次世界大战后死亡率才开始下降，到第二次世界大战后才有明显下降；出生率的下降也滞后于死亡率，20 世纪 70 年代才明显下降。

第三，发达国家与发展中国家的老龄化进程各有不同。发达地区各个国家人口老龄化开始时间不同，发展速度也不同，但都有一种趋同现象，到最后的发展也是大同小异。至于发展中国家，主要集中在亚、非、拉地区，涵盖着世界上大部分的人口。各个国家都有自己的特点，地区情况复杂，人口老龄化的现象和过程参差不齐。中国和印度之间就存在着很大的差异，中国在人口老龄化方面走在许多发展中国家的前面，同西亚国家、非洲国家的老龄化进程将拉开半个世纪到一个世纪的距离。发展中地区的人口老龄化存在着多样性和复杂性，从目前情况来看，发展中国家整体进程出现很大差异，各国出现的问题不能用同一方法解决，因此，发展中国家的老龄化问题十分严峻。

1.3 我国的人口老龄化和老龄化社会

1.3.1 我国老年人和老龄化的基本状况

中国是世界人口和老年人口最多的国家。以 60 岁及以上老年人比重作为标准的话，2000 年 2 月 20 日中国的老年人口比重达到 10%，进入了老龄化社会。2005 年年底，中国 60 岁及以上老年人口近 1.44 亿，占总人口的比例达 11%。根据国家统计局《2007 年国民经济和社会发展统计公报》，2007 年末，我国 60 岁及以上的老年人口占总人口比重为 11.6%，65 岁及以上的老年人口比重为 8.1%。从 1982 年的数据来看我国老年人口的年龄结构，60~64 岁的老年人占所有老年人口总和的 35.72%，65~69 岁的占 27.74%，70~74 岁的占 18.72%，75~79 岁的占 11.23%，80 岁及以上的占 6.59%。趋于高龄化是世界人口老龄化的一个特征，中国也不例外，80 岁以上高龄老人占老年人口的比例，将从 2000 年的 0.6%，上升到 2050 年的 6.8%。老年人口的高龄化预示着将需要更多的养老金支持和医疗保健开支。中国的老年女性也比男性高出很多，60 岁及以上的年龄段，1950年老年女性比例为 8.6%，男性比例为 6.4%；2000 年老年女性比例为 10.9，男性为 9.4。在 80 岁以上的年龄段，1950 年，老年女性比例为 0.4%，男性为 0.2%；2000 年老年女性比例为 1.2%，男性为 0.6%。中国的老年抚养比也在逐年上升，1950 年这一比率为 7.2%，1975 年为 7.8%，2000 年为 10.0%；预计到 2025 年，老年抚养比会上升到 19.4%。

我国从新中国成立开始到 20 世纪末，人口结构变化经历 5 个时期。①高生育率阶段（1949—1957 年）。新中国成立后，随着人民生活水平的逐步提高和医疗卫生事业的进步，中国人口死亡率与新中国前相比下降很快，其中婴儿死亡率下降更快；出生率在原来较高的水平上又有所提高，8 年时间里出生率都在 3.1% 以上，多数年份在 3.7% 左右。②较低生育率阶段（1958—1961 年）。在这段时期里，中国人口生育率出现了大幅度的下降，总和生育率在 1961 年降至 3.29，出生率降至 1.8%。在此后的人口年龄金字塔上，这一时期出生的年龄组形成了深深的凹陷。③高生育率阶段（1962—1972 年）。从 1962 年开始，出生率和总和生育率又迅速恢复到 50 年代初期的水平。1963 年总和生育率达到 7.5。但从整个时期看，人口增长速度放慢，人口年龄构成开始老龄化。④生育率迅速下降阶段（1973—1979 年）。1973 年开始，我国逐步推行计划生育政策，而且人们的生育观念和生育行为也有了很大的变化。在这 7 年内，出生率从 2.8% 下降到 1.8%，下降了 36.2%；总和生育率从 4.5 下降到 2.75。这期间，年轻人口比重减少，人口年龄中位数提高，人口年龄结构进一步老龄化。⑤稳定阶段（1980—1990 年）。在 20 世纪 80 年代，出生率基本稳定在 2.1% 的水平上。根据第四次人口普查的资料，我国人口年龄中位数从 1982 年 22.91 岁上升到 1990 年 25.25 岁，0 ~ 14 岁人口比重从 33.6% 下降到 27.6%。这时我国已经是一个典型的成年型社会，但老龄化进程开始加快。

熊必俊在《中国人口老龄化趋势》中把 20 世纪 80 年代至 21 世纪上半叶的人口老龄化过程划分为 3 个阶段：

①从 1982—2000 年为老龄化前期阶段。在这期间，70 年代生育率下降对总体年龄结构的影响作用刚刚开始，因此老龄化的速度不是很快，老龄化的程度也不很高；老年人口从 0.77 亿增加到 1.28 亿，老年人口比例从 7.63% 上升到 9.84%，年均上升 0.12 个百分点，接近老年型的标准，因此称之为老龄化前期。

②从 2000—2030 年为高速老龄化阶段。在这期间，生育率下降对人口年龄结构的作用和影响已经充分显示出来，老龄化速度加快，在 20 世纪进入峰值期。预计老年人口将从 2000 年的 1.28 亿增加到 2030 年的 3.35 亿，年均增长 668 万；老年人口比例从 9.84% 上升到 21.93%，平均上升 0.39 个百分点。

③从 2030—2050 年为高水平人口老龄化阶段。在这期间，老龄化速度开始减慢，老年人口数量增长幅度由上一阶段的年均增长 668 万下降到 364 万；但是由于少儿人口比例和劳动年龄人口比例同时下降，因此老年人口比例从 21.93% 上升到 27.43%，始终长期保持在一个高水平上。

1.3.2 我国人口老龄化的特点

由于我国独特的人口状况和社会、经济状况，我国的人口老龄化特点不同于发达国家。最主要的特点是老龄化发展快、老年人口数量大，地区之间不平衡，超前于社会经济发展等。

（1）老龄化发展快

在 20 世纪 50 年代以前，由于生产力落后，社会经济发展缓慢，而且医疗卫生条件处于传统的形式中，中国人口出生率和死亡率都很高。中国社会在过去的几千年里始终处于年轻型的人口结构当中。新中国成立后，我国社会经济开始有较大发展，虽然死亡率在下降，但是出生率仍然很高，这时中国仍是年轻型社会。1953 年 65 岁及以上人口比例为4.4%，1964 年为 3.5%，老年人口比例实际上在下降，1953—1964 年人口年龄结构呈现年轻化。但是，70 年代初以来中国政府开始大力推行计划生育，1978 年以后计划生育成为我国的一项基本国策。这时，出生率开始下降，我国社会逐渐从年轻型向成年型转化。1987 年我国 0~4 岁的人口比重为 28.8%，65 岁及以上的老年人口比重上升到 5.5%，这时我国已经过渡到成年型社会。之后，我国就朝着老龄化前进。到世纪之交，我国 60 岁及以上老年人口超过总人口的 10%，人口年龄结构开始进入老龄化阶段。当然今后一个时期，我国老年人口还将以较快速度增长，预计到 2015 年 60 岁及以上人口将超过 2 亿，约占总人口的 14%。从年轻型社会向老龄化社会过渡，法国用了一个半世纪的时间，比较快的瑞典则用了 40 年的时间；而我国仅用了十年多的时间。之前提到法国 65 岁及以上人口比例由 7% 增长到 14% 用了 15 年，瑞典用了 85 年，日本仅用了 26 年，而我国预计达到这一比例只需 25 年。

（2）老年人口数量大

我国拥有 13 亿多人口，是世界第一人口大国，人口基数大，因此老年人口也有很大的数量。在老年人口比重上，我国并不是最高的。意大利人口老龄化程度是最高的，其老年人口比重在几年前就达到了 25%；其次是德国、希腊、日本，为 24%，瑞典也达到23% 的高水平。而我国 2007 年 65 岁及以上老年人的比重仅 8.1%。但是由于人口基数大，我国的老龄人口是世界上最多的。根据国家统计局 2008 年 2 月 28 日发布的《2007 年国民经济和社会发展统计公报》，我国的总人口 13.21 亿，其中 60 岁及以上的老年人口 1.53亿，65 岁及以上的老年人口 1.06 亿。1950 年，60 岁及以上（这一小节以下的几组数据均采用 60 岁及以上的标准）的老年人口超过 1500 万以上的国家有 4 个，而当时我国有4241.8 万老人，排名第一，并且比第二位的印度高出了 32.9%。1975 年，我国老年人口达到 7376.9 万，比第二位的苏联多出 117.8 个百分点。这时，我国还没有进入到老龄化社会，也就是说老年人口比重还没到 10%，但是我国的老年人口数量却一直居世界第一。到了 2000 年，我国已经进入老龄化社会，这时我国的老年人口有 1.3 亿。由于我国的老年人口数量大，给个人家庭、国家社会都带来了很大的负担，这也使我国的老年人不能享受更多的福利。

（3）空间分布不平衡

首先，最大的不平衡是城乡间的不平衡，农村的老年人口有一些更突出的问题。在2005 年，我国城市总人口是 56 167 万人，农村人口是 74 471 万人，农村不仅人口多而且在地域上也更广，城乡之间在人口老龄化程度上有差异。田雪原主编的《中国老年人口（社会）》对我国老龄化空间分布不平衡进行了分析。根据第三次全国人口普查的数据显示，我国 65 岁及以上的老年人口所占比例，市为 4.68%，镇为 4.21%，县为 5.00%，老年人口比由高至低排列依次为县、市、镇。但是由于在城市计划生育控制较为严格，人口出生率下降，因此，之后城市里的老年人口比重上升。根据 1987 年全国 1% 的抽样调查数据显示，老年人口比都有所上升，市为 5.49%，镇为 5.34%，县为 5.53%。根据 1989 年人口变动情况抽样调查样本资料显示，老年人口比重上升到 5.99%，镇下降到 4.97%，县上升到 5.82%。从此，城市的老年人口比重最大，依次高于县和镇。老龄化产生的自然原因是出生率和死亡率的下降，从而导致老年人口增多，少儿人口减少。而我国农村除了自然的人口增减外，还有迁移、流动的人口的因素。我国农村人口流动主要是从农村流向城市，且主要是劳动人口的流动。1989 年，镇的老年人口比下降的最主要原因，就是农村的成年人转移到了城镇里，使城镇的总人口突然增加，而老年人口仍属自然增长。我国的一些大、中城市是率先进入老龄化社会的，而乡村的人口老龄化也缓慢逼近。

其次，空间分布的不平衡还表现在地区之间的不平衡。我国各省（自治区、直辖市）在社会经济上有很大的差异，文化教育和医疗卫生条件也不尽相同，人们的生育观念和生育行为也不同。同时，在各地方之间计划生育的要求和进度存在差异，使得各地方的人口结构不同；出生率、死亡率、人口寿命和人口年龄结构也存在着地区性的差异。因此，老龄化存在着地区上的不平衡。总体来看，我国东部沿海人口密度高、经济发达的地区老龄化开始早、速度快，而中西部人口密度较低的欠发达地区则开始得晚，速度也慢。上海是中国最先进入老龄化的城市，其次是北京。这两个中国最大的城市率先进入老龄化社会，就说明了老龄化在社会经济发展等方面的地区差异。1989 年，上海 65 岁及以上的老年人口比重为 10.4%，北京和江苏也超过了 7%，这 3 个省、直辖市已经进入老年型结构。但是同时，老年人口比最低的青海省为 3.0%，新疆为 3.9%，都还处于年轻型结构。第五次人口普查显示出 2001 年时一些地区的老龄化差异：上海，65 岁及以上的人口占 11.5%，比 1990 年上升 2.1 个百分点，其中 80 岁及以上高龄老人占老年人口 15.9%，比 1990 年上升 2.2 个百分点；北京，65 岁及以上的人口为 115.5 万人，占总人口的 8.4%，与 1990 年第四次全国人口普查相比上升 2.1 个百分点；江苏，65 岁及以上人口为 651 万人，占 8.76%，与 1990 年第四次全国人口普查相比上升 1.97 个百分点；内蒙古，65 岁及以上的人口为 127.13 万人，占 5.35%，与 1990 年相比上升 1.34 个百分点；西藏，65 岁及以上的人口为 11.76 万人，占 4.5%，与 1990 年相比上升 0.14 个百分点；黑龙江，65 岁及以上的人口为 200 万人，占 5.42%，与 1990 年相比上升了 1.64 个百分点。由此可见，中、东、西部地区在人口老龄化程度上和速度上都有很大差别。

(4) 超前于社会经济发展

欧洲发达国家都是在社会经济迅速发展的条件下自然地进入到老龄化社会，出生率和死亡率降低都是自然发生的。但我国最主要的是人为因素造成的出生率的降低，即计划生育，所以在进入到老龄化的时候我国经济还没有达到相应的程度。而且欧洲很多国家的老龄化经历了近百年的时间，当他们意识到老龄化并且对此有所准备的时候还有充分的时间。但我国进入到老龄化社会太匆忙，很多的制度和政策保障都跟不上老龄化的速度，所以我国的人口老龄化超前于社会经济发展。1987 年世界上有 48 个国家和地区进入了老龄化社会，其中有 80% 的国家地区人均国内生产总值在 5 000 美元以上。我国在 2000 年刚进入老龄化社会的时候，人均国内生产总值 7 078 元人民币，按当年汇率折算约为 856 美元。而最先进入老龄化的欧洲国家，如法国、英国、瑞典，在 1953 年的时候人均国内生产总值就已超过 880 美元。我国 2007 年的人均国内生产总值也仅为 1 200 美元，但老年人口是世界老年人口最多的，经济仍然不发达。我国的学者对这个特征有一个形象的说法，叫作"未富先老"。计划生育作为缓解中国巨大人口压力的基本措施，同时也加剧了中国的老龄化倾向，出现了一系列的老龄化问题。

1.3.3　我国的老龄化政策及法律

我国拥有世界上最多的老年人，老龄化程度深，家庭养老功能相对弱化，而且市场机制在提供老年人服务方面也不完善。所以我国很需要国家和政府对老年人提供专项服务，因此需要制定一系列的老龄政策。老龄政策是指国家或其他机构专门为老年人提供的各种社会服务政策，涉及老年人的基本生活、日常照顾服务、医疗保健、维护合法权益等方面。

1996 年 10 月，我国颁布实施了《中华人民共和国老年人权益保障法》，对老年人的赡养抚养、社会保障、参与社会发展及法律负责等，作出了明确的法律规定；各省、自治区、直辖市也都制定了维护老年人合法权益的地方性规定。我国在具体的老龄事业任务上也先后制定了《中国老龄工作七年发展纲要（1994—2000 年）》和《中国老龄事业发展"十五"计划纲要（2001—2005 年）》，把老龄事业纳入国民经济和社会发展规划。中共中央、国务院于 2000 年 8 月发出《关于加强老龄工作的决定》，号召全党全社会从改革、发展、稳定的大局出发，高度重视和切实加强老龄工作，发展老龄事业，大力营造全社会敬老养老助老风气。以上这些法律、文件构成了促进中国老龄事业发展的政策体系。在这些大的方针政策指导下，也形成了各地方、各部门的相关政策。例如，民政部针对老年社区福利服务实施了"星光计划"，卫生部印发了《关于加强老年卫生工作的意见》，劳动部和人事部对老年退休人员生活和退休金发放问题制定了一些政策。在地方，山东省老龄办和省财政厅联合下发《省级财政扶持城镇养老服务机构暂行办法》，从 2008 年起省财政安排专项资金对城镇养老服务机构加大扶持力度，引导其加快发展；吉林省也根据《中华人民共和国老年人权益保障法》制定了《吉林省优待老年人规定》，结合本省情况对老年人的优待作出规定。

老年人的需要越来越广泛，随着经济和社会的发展，面临着对生活质量的要求也越来越高。我国的老年政策主要体现在这些领域：老年人基本生活保障、老年医疗卫生服务、推动老年人就业及社会参与、老年教育及文化娱乐、老年心理及精神健康服务、维护老年人基本权益等方面。实际上，我国的老龄政策也可以说是围绕"六个老有"进行的，即老有所乐、老有所学、老有所为、老有所教、老有所养、老有所医。《中国老龄事业发展"十五"计划纲要（2001—2005 年）》中谈到了在这些领域的具体内容和政策任务：

①经济供养任务。初步建立政府、社会、家庭和个人相结合的经济供养体系，保障老年人基本生活；确保老年人生活水平随着社会经济发展逐步提高。

②医疗保健任务。努力满足老年人的基本医疗需求；初步建立以社区卫生服务为基础

的老年医疗保健服务体系；做好健康教育和预防保健工作，提高老年人口健康水平；健康教育普及率中城市达到 80%，农村达到 50%；老年人体育健身参与率达到 40%~50%。

③照料服务任务。初步建成养老设施网络。城市养老机构床位数达到每千名老人 10 张，农村乡镇敬老院覆盖率达到 90%；初步形成以社区为依托的老年照料服务体系，提供全方位、多层次的服务；建立社区为老服务的有效管理体制和服务队伍。

④精神文化生活任务。营造全社会尊重、理解、关心和帮助老年人的社会环境与舆论氛围；丰富老年人闲暇生活，提高老年人精神文化生活质量；大力发展老年教育，在校老年学员人数在现有基础上增加 1 倍；充分发挥老年人在社会生活中的积极作用。

⑤权益保障任务。加强立法、执法工作，逐步形成维护老年人合法权益的法律保障体系；加强普法教育工作；城市普法教育普及率不低于 80%，农村不低于 60%。

1.4　无障碍环境理念发展

1.4.1　无障碍环境的概念

无障碍环境(Barrier-free Environment)这个概念名称始见于 1974 年，是联合国组织提出的设计新主张，指的是针对各种有障碍的人所进行的消除障碍的环境和产品设计。中国残疾人联合会研究指出：残疾人自身的功能代偿和残缺功能的社会补偿，可以使残疾的实际影响变得比人们想象的小得多，这也是无障碍设计的意义所在。

无障碍环境的理想目标是"无障碍"，主要包括 2 个方面，物质无障碍和信息与交流无障碍。无障碍设计的基本思想是致力于对人类行为、意识与工作反应的细致研究，将一切为人所用的物与环境的设计进行优化，在使用操作界面上清除那些让使用者在信息、移动和操作障碍的环境。它强调残疾人在社会生活中同健全人平等参与的重要性，为使用者提供最大可能的方便，这就是无障碍设计的基本思想。

1.4.2　无障碍环境的发展过程

伴随着人类的发展就一直有残疾人，残疾人的问题不是一个新鲜的话题。古罗马就已经有了类似于今天的福利院的机构，以收容和安置残疾人，为其提供最基本的生活护理和服务。然而这一问题真正引起全社会的关注却是从 20 世纪初才开始的，第二次世界大战以后，世界各国逐渐认识到残疾人问题的重要性，直到 20 世纪 60 年代，联合国提出"完全地参与和平等"的主题，才正式揭开了无障碍环境普及工作的新的一页，并开始在世界范围内着手解决这一问题。在建筑与环境中，这项工作的目的就是要改善环境状况，为残疾人充分参与到社会生活的各个层面创造条件，具体地说就是要消除环境中的"障碍"，使残疾人和障碍者能够像健全人一样，充分享受各种基本权利。

总的来看，无障碍环境的发展经历了以下 3 个时期。

(1)萌芽期

20 世纪以来，人类社会经历了第一次世界大战、1929 年世界经济大恐慌和第二次世界大战这 3 个重要的历史阶段。这些大的动荡均带来了严重的社会问题，特别是对老年人、儿童和残疾人的生活带来了极大的灾难。同时，战争又不断地带来更多的残疾人。为了维护社会稳定和正常发展，各国的政府不得不采取一系列有效的措施加以解决，这在一定程度上又推动了社会保健和康复技术的进步。

20 世纪 50 年代末开始，西方社会进入高速发展时期，而劳动力的短缺对经济发展产生了较大的影响，残疾人开始被一些工厂、机关雇佣，他们的价值也得到了重新评价。20 世纪 60 年代美国民权运动的开展，激发了残疾人为争取其基本权利的斗争，以抗议社会对他们的歧视和不平等待遇。在社会各阶层、团体的影响下，"无障碍"的概念开始形成。欧洲会议早在 1959 年就已经通过了"方便残疾人使用的公共建筑之设计与建设的决议"美国在 1961 年就制定了世界上第一个"无障碍标准"。斯堪的纳维亚诸国解除神经不健全者与社会隔离制度的理念开始萌芽。丹麦指定的《神经不健全者福利法》中明确指出："尽最大的可能保障他们正常生活的条件。在 1963 年挪威奥斯陆会议上，瑞典神经不健全者协会再次使用了这句话，强调了残疾人在公共社会中与健全人一同生活的重要性。这一思想立刻传遍欧洲，随后又传到美国，它不仅作为神经不健全的人，也作为所有残疾人的理念开始形成。这种思想在当年的国际残疾人行动计划中已有明确阐述，即以健全人为中心的社会是不健全的。同时，经济的发展也促使各工业国家在无障碍的普及中投入大量人力、物力和财力，为今后的发展奠定了基础。

（2）发展期

为推进无障碍环境的普及，确保社会所有成员的权益都能受到保证，世界各国又制定了一系列相应的法律条文。1959 年，国际康复协会为了便于残疾人接近和使用，首次制定了"国际无障碍标志牌"，同年联合国大会通过了"禁止一切无视伤残人的社会权利"的决议。1965 年，以色列制定了《建筑法》；1965 年，瑞典制定了《建筑法》；1968 年，美国制定了《建筑法》等，这些国家法律都进一步明确了建筑及其环境所必须对残疾人做出的承诺。1970 年，发表了《神经不健全者宣言》；1974 年，召开了"联合国残疾人生活环境专家会议"，总结了无障碍环境设计的历史并提出了今后的发展方向，进一步明确了我们所要建设的城市是健全人、病人、儿童、老年人、青年人和残疾人等没有任何不便和障碍的，能够共同地自由生活和活动的城市。1975 年，联合国发表了《伤残人权利宣言》，并将 1981 年定为"国际残疾人年"，以唤起人们道德意识的觉醒，使全社会都来关心残疾人的生活。所有这些活动都极大地推动了残疾人事业的发展。

在各国政府和社会各界的共同努力下，许多西方国家都开始了环境改造运动，在新建和改建过程中增设了坡道、扶手、路标、盲文指示牌等，并提供专为残疾人使用的地图。所有公共场所，不论是电影院、体育馆，还是旅馆、饭店、商店、酒吧，残疾人均能够自由出入而无须他人帮助，城市的无障碍环境已逐渐悄然形成。

（3）深入期和普及期

当前，西方发达国家的无障碍环境已经达到相对成熟和系统的阶段。在美国首都华盛顿，如国会、林肯纪念堂、国家图书馆、最高法院、国家美术馆、宇航馆等重要建筑物，在电梯、停车场、观众席及其他场所都考虑了无障碍设施，残疾人甚至能到自由女神像等地进行令人难以想象的游览。

在进行城市无障碍环境改造的同时，各国政府在现有的基础上将环境改造的内涵与外延做了进一步深入和拓展，强调在住宅中也要实现无障碍。瑞典、丹麦、英国、美国等国家都兴建了残疾人集合住宅，特别是瑞典于 1964 年在 Braggard 博士的领导下成立了福卡斯协会（Fokus），建造了适于重要残疾人使用的 24 小时昼夜服务公寓。但随着残疾人对正常生活的渴望的不断增强，这种集中式的服务公寓已经不能满足他们的要求，相反它却似乎在精神上给人一种广告作用，告诉外界这里的居住者的特殊性，从而将残疾人看作与健全人完全不同的群体。因此，残疾人住宅又开始趋于分散，使残疾人能像健全人一样生活在普通公寓中，这无疑又进一步促进了无障碍环境在住宅建设中的实施。

美国的无障碍环境基础研究工作也在不断深化中，研究工作主要由高等院校的专业人员进行，如美国纽约州立大学建筑系已从事无障碍技术研究 17 年，拥有各种实验室和研究室。更多的高等学校建筑系还专门开设了无障碍技术课程，作为设计基础课程进行了学习。纽约州立大学还设有硕士研究生班进行残疾人专用住宅、无障碍设计理论基础、新技术开发和评价等课题的研究。在这方面我国落后了近 30 年，西方国家的成就为我国实现环境的无障碍化提供了良好的经验。

2006 年 12 月 13 日，第 61 届联合国大会通过了《国际残疾人公约》。同年 12 月 20 日，中国残疾人联合会召开《国际残疾人公约》座谈会。与会人员认为：《残疾人权利公约》是涉及全球 6.5 亿人的一件大事，它可以正确引导国际社会正确认知和尊重残疾人权益。国际社会长期以来从联合国的人权保障和针对弱势群体的权益保障方面，通过了很多公约，唯独缺乏一个对残疾人保护的国际文件。《残疾人权利公约》的出台从这个角度弥补了这一重大的缺憾，不仅仅是对全世界残疾人的贡献，也是对整个世界文明进步的一个贡献。

中国的残疾人事业起步较晚，过去由于缺少对残疾人问题的研究，不了解残疾人的需求，在很大程度上使他们失去了许多生活、就业和学习的机会。虽然早在 20 世纪 50 年代就已有了"盲聋哑协会"，但直到 20 世纪 80 年代末才成立了残疾人专项组织——残疾人联合会，并开始把眼光着重于所有的残疾人。1985 年，北京率先开始研究无障碍技术；1989 年，建设部、民政部及残联颁布了《方便残疾人使用的城市道路和建筑物设计规范》（简称《规范》），为残疾人参与社会生活创造了有利条件。1990 年 12 月 28 日颁布了《中华人民共和国残疾人保障法》，并于 1991 年 5 月 15 日开始执行。1995 年的《中国残疾人事业"九五"设计纲要（1996—2000）》将执行《方便残疾人使用的城市道路和建筑物设计规范》纳入基本建设审批内容，并制定相应规定，特别是 1998 年建设部、民政部和残联共同下达了关于贯彻实施《方便残疾人事业使用的城市道路和建筑物设计规范》若干补充规定的通知，要求加强无障碍工程的审批管理和工程验收，并对高层住宅入口和居住小区道路等，进行无障碍设计。现在我国的 8 000 多万残疾人和日益壮大的老年队伍已经给社会提出了新的问题，无障碍环境的要求已迫在眉睫。

综上所述，无障碍设计的意义不言而喻，它不仅是落实国家对残疾人的各项政策和法规的物质保障，也是帮助残疾人实现其人权和平等参与社会的基本条件，是在残疾人与社会之间架起的一座桥梁。当前无障碍建设已成为国际社会环境建设的"主流"，并以此来衡量一幢建筑、一座城市乃至一个国家现代化水平的程度，因此无障碍建设是社会文明进步的标志，是环境建设现代化必不可少的物质条件。完善的无障碍系统的设计还可以进一步扩大残疾人日常生活范围，使其能够独立生活，这对减轻家庭和国家的负担以及社会和谐都有着不同寻常的意义，并且它也蕴含着整个社会对他们的关爱。

1.4.3　无障碍环境的使用对象

联合国《残疾人权利宣言》里提出，残疾不是一种疾病，而是每个人生命中的一种状态。任何人在一生中都有身体不方便的时候，包括障碍者、老年人、孕妇和小孩，即使是手提(推)重物的人在那一刻也是存在障碍的。人之所以在现在的物质环境中产生障碍，是因为现代的物质环境是为标准的人体尺寸设计的，如何达到无障碍，只需为这类特殊的人群设计符合他们身体尺寸的工、器具或室内外环境就可以。

老年人由于其肢体运动机能的部分或完全丧失，导致其在以正常方式或正常范围内进行某种活动的能力受限或者缺乏。一旦无障碍设施不齐全、理念不完善时，老年人的生理特点无疑会加重参与社会活动的行为困难，导致其心理变化，这些都无疑会给老年人融入社会造成较大障碍。因此，如何在室内设计过程中始终从"以人为本"的思路出发，考虑无障碍的室内设计，成为当代的热点。有学者进而认为：心理行为引导建筑的风貌，生理行为决定建筑的格局，建筑技术对特殊行为特性具有帮助。

"无障碍设计"是一个全社会的问题，全社会担负着保障老年人参与社会活动的义务，无障碍设计不仅有益于老年人，而且有益于全社会，需要得到社会各界的重视和支持。本书以人体工程学为理论基础，研究目的体现在4个方面：

①为设计中考虑老年人的生理、心理和行为特性因素提供参考。

②为设计中考虑老年人的家具的功能的合理性提供科学依据。

③为设计中考虑老年人的室内环境因素提供设计准则。

④为进行老年人的无障碍设施的系统设计提供理论依据。

1.4.4　老年人对无障碍设计的需求

1.4.4.1　老年人的生理特性

老年人的生理机能随着年龄增长开始衰退，视力下降、味觉嗅觉不敏感、动作协调性变差、思维能力下降。老年人生理机能衰退可分为3类：感知系统、肌肉骨骼系统和思维系统。①老年人感知能力的变化影响着他们对周围环境的信息接收，感觉系统出现衰退最先表现在听觉和视觉发生障碍，这两项是人们从环境中获得信息的最重要渠道，其他感觉器官也逐渐出现功能退化现象。②老年人肌肉及骨骼系统衰退，反应变慢，灵活程度下降，肌肉的强度以及控制能力也不断减退。骨骼随年龄的增长，逐步变脆，老年人摔跤容易发生骨折；老年人腿部肌肉衰退，骨质疏松，肌肉萎缩，老年人坐下后，站起来比较费劲。如果长时间下蹲，站起来容易出现身体失衡、头晕、跌倒；老年人运动机能衰退，体力大幅度下降容易疲劳，腿脚不利容易摔倒，不能激烈运动，长时间步行和爬楼易喘气流汗，需要频繁休息。③老年人记忆力下降，使用的产品需带有提醒功能，使用简单。

1.4.4.2　老年人对无障碍的具体需求

（1）在照明方面

应老年人的特殊要求需根据照明用途和场所适当配置照明器具。同时应注意各房间与走廊的亮度应大致相同，以免有刺眼的感觉。为便于老年人夜间行走，在转弯和容易滑倒的地方(门厅、走廊、卧室的出入口、有高差处)应安置辅助灯(脚灯)。照明器具的安全性也很重要，同时在位置上要注意避免直接接触到老人。如各房间与走廊的亮度不能实现相同，则相邻房间之间、房间与通道之间、照度低的一方与照度高的一方的平均照度比应保持在 1:2 以下。对于辅助照明，用辅助照明所获得的最大亮度面与附近的亮度比应为 3:1 以下。卧室宜采用可调节亮度的开关，并应在床头方便的位置设置照明开关。在照明开关上尽可能采用大面板、带灯的开关。亮度的逐渐变化是应对老年人视力的最好方法。

（2）在材料方面

墙、地面饰面材料的选材、形状构造处理尤为重要。一般应选用能防止老年人打滑、磕碰、扭伤、擦伤的材料，不可采用易滑、易燃、易碎、化纤及散发有害有毒气味的装修材料。老年人住宅墙面应采用那些即使擦着身体也很难擦伤的墙面材料。墙体阳角部位宜做成圆角或切角，且在 1.8m 高度以下做与墙体粉刷齐平的护角。墙体如有突出部位，应避免使用粗糙的饰面材料，带有缓冲性的发泡墙纸可减轻老人碰撞时的撞击力。卫生间墙面应尽可能避免出现阳角。居室地面宜用硬质木料或富弹性的塑胶材料，寒冷地区不宜采用陶瓷材料。地面铺设应保证平坦，不要产生凹凸不平，以防绊倒。地面材料应防滑，即便有水时，也不应发生打滑的情况，并应采用摔倒时可减轻撞击力的材料，同时应便于清洁、防污；不应使用长毛的蹭鞋地毯，蹭鞋地毯应和其他材料保持在一个平面上。

（3）在建筑构件方面

楼梯是老年人极易发生事故的地方，对于一些身体不便的老人来说，上下楼梯是一件很困难的事情，因此老年人居室应尽量设在一层。当老年人必须使用楼梯时，应特别注意使用防滑材料，并在台阶边沿处设防滑条。防滑条如果太厚，就会产生羁绊的危险，应与台阶面几乎设置在同一平面上，太厚的防滑条应镶嵌埋入台阶面内。同时由于老年人视力的下降，为防止踩空事故的发生，楼梯踏步应界限标志鲜明，不宜采用黑色、深色材料。户内所有的门，包括厨房、卫生间、阳台的门净宽(通行宽度)均不应小于 0.80 m，以保证轮椅的通过。卧室门可采用带观察窗的门，使家人可以及时发现老人可能出现的意外。卫生间是老年人最容易发生事故的地方，应设向外开启的平开门或推拉门，并安装双向开启的插销，以便老人在卫生间内发生意外时可以方便地将门打开。老年人喜欢温暖、安静、明亮的生活环境，寒冷、嘈杂和昏暗的生活环境会极大地影响老年人的心理和生理健康。因此窗户的选择应注意保温性、隔音性和密闭性，窗扇宜镶用无色透明玻璃，以保证视线的通透和室内光线的明亮。

老年人的思维能力有所下降，复杂的操作对他们来讲有难度，同时电气操作的安全性也是进行电气设计的首要内容。应选用操作安全简单，具有防止错误操作功能的产品，并应考虑维护简单，消耗品更换容易。开关及插座应清晰、醒目，容易操作，安装的位置、高度要考虑操作的方便性。开关高度离地面宜为 1 000～1 200 mm，如果考虑轮椅使用者的话，最好设置在 900～1 050 mm。电源开关应选用宽板防漏电式按键开关，以便于手指不灵活的老年人用其他部位进行操作。老年人记忆力衰退，容易忘记正在发生的事，厨房等。厨房内如果没有安装燃气泄漏和火灾自动报警装置，则应选择有燃气、烟气自动报警功能的抽油烟机和能防止燃气泄漏的灶具。

1.5　无障碍设计的理论基础实践

1.5.1　无障碍设计的理论基础

（1）人体工程学

人体工程学（Ergonomics）是 20 世纪 40 年代后期发展起来的一门学科，也称"人机工程学""人类工效学"等。"Ergonomics"一词是由希腊词根"ergon"（即工作、劳动）和"nomos"（即规律、规则）复合而成，其本质是研究人与工具、手段互相作用时产生的心理上和生理上的规律和法则的科学。人体工程学的研究目的是通过对人体本身及其能力的数据研究，设计适合人的能力的生活、工作用品，解决人与物、物与物之间的和谐关系。它涉及科学技术、生理学、心理学、解剖学、生物力学、物理学、人类学、材料学等方面的综合学科和边缘学科。

国际人体工程学协会（International Ergonomics Association，IEA）给出的人体工程学的定义是：人体工程学是研究人和系统中其他组成部分之间交互关系的科学；是将理论、原则、数据和方法应用于设计，从而改善人类和整体系统的学科。概括说来，人体工程学的研究对象是人—机—环境的相互关系；人体工程学研究的目的是如何达到安全、健康、舒适和工作效率的最优化。

（2）室内设计

室内设计是根据建筑物的使用性质、所处环境和相应标准，运用物质技术手段和建筑设计原理，创造功能合理、舒适优美、满足人们物质和精神生活需要的室内环境。这一空间环境既具有使用价值，满足相应的功能要求，同时也反映了历史文脉、建筑风格、环境气氛等精神因素。明确地把"创造满足人们物质和精神生活需要的室内环境"作为室内设计的目的，现代室内设计是综合的室内环境设计，它包括视觉环境和工程技术方面的问题，也包括声、光、热等物理环境以及氛围、意境等心理环境和文化内涵等内容。

（3）环境心理学

环境心理学是研究环境与人的心理和行为之间关系的一个应用社会心理学领域，又称人类生态学或生态心理学。这里所说的环境虽然也包括社会环境，但主要是指物理环境，包括噪声、拥挤、空气质量、温度、建筑设计、个人空间等。环境心理学是从工程心理学或工效学发展而来的。工程心理学是研究人与工作、人与工具之间的关系，把这种关系推而广之，即成为人与环境之间的关系。环境心理学之所以成为社会心理学的一个应用研究领域，是因为社会心理学研究社会环境中的人的行为，而从系统论的观点看，自然环境和社会环境是统一的，二者都对行为发生重要影响。

(4)环境行为学

环境行为学有称环境心理学的。环境心理学是心理学的一部分,它把人类的行为(包括经验、行动)与其相应的环境(包括物质的、社会的和文化的)两者之间的相互关系与相互作用结合起来加以分析。由于其多学科性,所以要强调它是心理学的一部分,以利于从其母体中获得理论、概念、方法,给专业研究人员提供帮助。

环境行为学比环境心理学的范围似乎要窄一些,它注重环境与人的外显行为(overt action)之间的关系与相互作用,因此其应用性更强。环境行为学力图运用心理学的一些基本理论、方法与概念来研究人在城市与建筑中的活动及人对这些环境的反应,由此反馈到城市规划与建筑设计中去,以改善人类生存的环境。从心理学的角度看,似乎其理论性不强,也不够深,其特点似乎都是"针对一个个具体问题"的分析研究。但对城市规划与建筑设计、室内设计等的理论更新起到一定作用,把建筑师的"感觉"与"体验"提到理论的高度来加以分析与阐明。

(5)行为特性

人的行为是出于对某种刺激的反应,而刺激可能是机体自身产生的,如动机、需要与内驱力,也可能只来自外部环境。常怀生在定义行为特性时认为要把握人的行为特性必须从4方面入手:①行为在空间的秩序,即人的行为规律性。②行为在空间的流动,即行为在流动量和模式的倾向性。③行为在空间的分布方式。④行为与空间的对应状态。

"行为是为了满足一定的目的和欲望,而采取的过渡行为状态",借助这种状态的推移我们可以看到行为的进展。这是常怀生教授在《环境心理学与室内设计》中给行为下的定义。要完成某种行为,就必须具备相应的环境,环境与行为时相互对应不可分离的统一体。连续的行动则构成行为,若对行为的内容进一步深入分析会发现,会有多种行为目的而具有共同或相同的身体状态的现象。如当从某一地点向另一地点步行移动身体时,这对于购物行为和通勤行为都是一样的,也都是需要的。像这种不带有具体欲求,一般身体状态的移动或改变,我们称之为"行动";而"行为"则表示行动的时间系列地连续集合,并实现某种特定的目的。"行动"也是由几个"动作"集合而成的,如步行行动,可以分解为脚的运动和手臂的前后摆动。就是说,身体的部分活动可称作为"动作"。

综合上述讨论的结果,我们可以看到:①动作,是人体的部分运动,可以根据身体状态的变化进行评价(如眼球运动、手指的屈伸等)。②行动,是指人体的全部状态的变化,可以根据动作的集合进行评价(如步行、停步等)。③行为,带有目的性行动的连续集合而成为行为。动作与行为相比,前者比较偏于生理的、身体的;而后者行为则是意志决定的,多半含有精神的内容。

1.5.2 国内无障碍设计的研究实践

我国的无障碍环境事业起步较晚,对于无障碍环境的认识落后于时代,法制进程滞后时代要求。关于无障碍住宅的研究是从无障碍设计规范的提出与制定开始的,从以下两个方面来阐述。

1.5.2.1　立法方面

1984 年 3 月，中国残疾人福利基金会成立，着手改善残疾人"平等、参与"的社会环境工作。

在 1985 年由北京率先开始研究无障碍技术，在北京召开了"残疾人与社会环境研讨会"，发出"为残疾人创造便利的生活环境"的倡议。

1986 年 7 月，建设部、民政部、中国残疾人福利基金会共同商定编制我国第一部《方便残疾人使用的城市道路和建筑物设计规范(试行)》，该规范于 1989 年 4 月颁布实施。

1990 年 12 月颁布了《中华人民共和国残疾人保障法》，规定国家和社会逐步实行设计规范，采取无障碍措施。

随着系列制度、规范的出台，1995 年北京市政府按亚太经委会要求，选定丰台区方庄居住小区开展无障碍环境建设试点。

1996 年制定《中国残疾人事业"九五"计划纲要(1996—2000 年)》，将执行规范纳入基本建设审批内容，逐步推广无障碍设施。

1998 年建设部、民政部、中国残联共同下达了关于贯彻实施《方便残疾人使用的城市道路和建筑物设计规范》若干补充规定的通知，要求加强无障碍工程的审批管理和工程验收，对高层住宅入口和居住小区道路等，应进行无障碍设计。2000 年建设部、中国残联在深圳成功举办了"亚太区无障碍公共设施建设国际研讨会"，无障碍设计在国内各大城市的规划、建筑、设施方面得到推动和体现。

2001 年 8 月 1 日，建设部、民政部、中国残联共同颁布了《城市道路和建筑无障碍设计规范》。

2003 年 7 月 18 日，建设部批准《建设无障碍设计》标准图集，把我国无障碍设计和建设推向一个新的高度。按照中国残联/联合国开发计划署残疾人权保障合作项目工作计划。

2006 年 12 月 2~3 日，中国残联和联合国开发计划署、中国法学会社会法学研究会共同在广东汕头市召开了中外残疾人权益保障立法研讨会。会议对部分国家和地区的残疾人权益保障立法情况进行了比较研究和探讨交流，内容全面系统，涉及残疾人康复、教育、就业、社会保障、法律援助、无障碍环境等各方面。通过中外残疾人权益保障立法比较，提出了先进的立法理念以及完善和改进的建议与措施。会议为残疾人权益保障立法和残疾人工作更加深入系统地研究残疾人权益保障问题提供了新的视角和背景，为中国内地残疾人权益保障法律法规的制定提供了有益的经验。

2010 年 4 月，由中国残疾人联合会、住房和城乡建设部、工业信息化部起草的《无障碍建设条例(送审稿)》，报请国务院审议。国务院法制办公室在充分听取有关部门、地方意见的基础上，经反复研究、修改，形成了征求意见稿。征求意见稿对无障碍设施的建设和管理，无障碍信息交流和服务等都予以了明确规定，为残疾人、老年人在出行、住宿、求助等方面提供了便利，还进一步保障了他们的选举权、受教育权等各项权利。

根据联合国有关无障碍内涵的表述，结合我国无障碍环境建设的实际情况，征求意见稿规定：本条例所称无障碍环境建设，包括无障碍设施、无障碍信息交流和服务等方面的建设。鉴于无障碍环境建设在我国刚刚起步，确定无障碍环境建设应当遵循与经济和社会发展水平相适应的原则。根据《无障碍环境建设条例(征求意见稿)》规定，4 类场所有望优先推进无障碍改造。这 4 类场所分别是县级以上人民政府优先推进改造的下列机构、场所：国家机关的对外服务场所；机场、车站、客运码头、医院、银行、大型商场、社区服务中心、公园、城市广场、旅游景点、公共厕所等公共服务场所；特殊教育学校、康复中心、福利企业、养老院等残疾人、老年人较为集中的机构；有无障碍需求的残疾人、老年人的居家环境。征求意见稿规定，新建、改建、扩建建筑物和道路，应当按照工程建设标准建设无障碍设施，建设的无障碍设施应当安全、便利，并与周边建筑物、道路的无障碍设施衔接配套。新建、改建、扩建非机动车道和人行道，应当按照无障碍工程建设标准设置无障碍设施。城市主要道路、主要商业区和大型居住区的人行天桥和人行地下通道，应当按照无障碍工程建设标准设置无障碍设施。城市大中型公共服务场所的公共停车场和大型居住区的停车场，应当根据相关标准设置无障碍停车位。

1.5.2.2 建筑和室内设计方面

钟振亚和申黎明教授在《家具与室内装饰》中发表的《针对老年人的无障碍家具设计》中根据当今社会发展趋势分析了家具设计中引入无障碍设计原则的重要性以及老年人生理和心理特点。对老年人家具的设计提出了造型尺度、辅助功能和安全保护的原则，为设计老年人及类似障碍人群的各类家具提供了依据。

谢蓝在《家具与室内装饰》发表的《肢体障碍人士的无障碍家居设计探析》中根据肢体残疾人生理障碍对其进行划分，研究认为：缺单臂者主要障碍存在于缺失手臂周围的操作；缺手指者难以承担各种精巧动作，持续力差，对拿取、整理、旋转、拔、拧、搓等动作和持续时间存在一定障碍；坐轮椅者部分或完全丧失下肢运动力量，动作受轮椅的限制较大，拄杖者水平推力差，行动缓慢，不适应常规运动节奏，单手操作动作过大，对身体平衡性会产生较大影响。

北京理工大学的王文静在《艺术与设计》中发表的《无障碍导向系统设计浅谈》中提出了导向系统作为一种信息载体，已经成为现代城市建设的一个重要组成部分，是人与空间沟通的桥梁。无障碍导向系统可帮助残疾人这一弱势群体安全方便地出行，真正体现对弱势群体的关怀。文章从残疾人生理特征出发，研究无障碍导向系统的设计原则，提高无障碍导向系统的普遍适用性和有效性。

天津科技大学的宋端树和张绯在《包装工程》中发表的《障碍人士室内家具的需求与人性化分析》中根据国内外无障碍设计的现状和障碍人士不断增长的人口数据。分析了障碍设计产业，特别是障碍家具设计产业的现状，论述了我国发展障碍人士室内家具产业的必要性和紧迫性。在人性化设计理念的基础上，结合"32 mm 系统"，提出了障碍人士室内家具的人性化设计原则。

天津科技大学的张珸在《包装工程》中发表的《无障碍家具设计评估体系探索》中根据身心障碍者的不同属性的调查分析，将这一人群的无障碍家具需求进行归纳，结合国际通用的无障碍设施设计一般性原则，对无障碍家具提出 4 个方面的具体评估标准，在此基础上对无障碍家具设计的基本流程进行分析探讨。

宁夏建筑设计研究院的尹冰在《宁夏工程技术》中发表的《关于公共建筑中的无障碍设

计》中针对建筑设计中如何体现关心残疾人的做法，提出了设计方法，并对设计中注意事项提出了个人观点。

天津轻工业学院艺术设计系的张品在《建筑设计》中发表的《关注居住环境的无障碍设计》中解释了居室内的无障碍设计指无障碍、无危险，任何人都应该为人尊敬，并能够健康地从事各项活动的室内设计。文中运用人机工程学的原理，针对下肢残疾的人士、行动不便者及老年人所使用的家具尺寸进行分析，对居住环境中无障碍设计进行了探讨。

天津科技大学田玉梅在其 2003 年硕士毕业论文《老年人的居住空间无障碍研究》做了以下工作：①结合实验对偏瘫和能够走动的双下肢残疾人的上下床动作特点及他们所遇到的障碍进行了详细的研究，并从生物力学角度分析了他们在动作过程中遇到障碍的原因，提出了适合他们身体状况的床面高度和坐便器高度的设计尺寸。②根据老年人肢体肌力下降及关节承受能力下降的特点，比较了老年人在床前或坐便器前起坐遇到的障碍与能走动的双下肢残疾人的相似与不同，并得出了适合老年人使用的床面高度和坐便器坐面高度。③建立了上肢支撑扶手时前臂和手组成的刚体的力学模型，并根据力学模型分析得出了分别适合老年人和残疾人使用的扶手的位置及尺寸。④通过对成年人人体尺寸的修正，近似取得老年人部分高度方向的人体尺寸，建立了坐在轮椅上的人体模型尺寸，比较全面地总结了乘坐轮椅的残疾人进行轮椅—床、轮椅—坐便器，轮椅—浴盆间的身体转移时的动作方式，及相应的无障碍设计要点。

中国建筑设计研究院的陈柏泉在其 2004 年的硕士论文《从无障碍设计走向通用设计》中倡导从无障碍设计走向通用设计。论文从城市无障碍设计和老年人建筑设计的实态调查入手，对调查进行研究得出的结论是中国无障碍设施和老年人建筑设计的现状非常不理想。其后针对调研的结果进行文献阅读，学习国外的先进理论——通用设计理论，并对通用设计理论进行阐述和辨析，尝试构建通用设计的理论框架。最后结合老年人建筑设计和无障碍设计的研究，对通用设计进行反思，指出通用设计的局限性，最终目的是结合国情探讨一种更有可操作性的设计理论与方法，并对我国的无障碍设计和老年人建筑设计提出一些建议。

合肥工业大学的李鑫在其 2007 年硕士论文《公共建筑无障碍设计研究》运用多学科交叉的系统的科学方法，对残疾人的生理、心理、行为特征和特殊需求进行分析研究，科学界定残疾人的分类及不同残疾类型的生理尺度和环境心理要求，探讨残疾人群体对无障碍设计的具体要求。并在此基础上总结出无障碍设计的原则与途径。同时结合公共建筑的特点，针对不同类型的残疾人群体，分析在公共建筑设计中，面向残疾人群体使用的各类无障碍环境、设施的具体设计依据、设计原则和设计方法，总结出构建"广义无障碍设计"的概念，建立全面系统的无障碍体系，发挥公共建筑作为无障碍设计的重要载体作用 3 个研究结论。

湖北工业大学的胡玲在其 2010 年硕士学位论文《助行器的设计与研究》中首先分析了肢体残疾人士的心理特点、行动特点以及符合其特征的助行器设计，然后对助行器的使用尺寸做出分析，重点通过前面部分的分析总结出残疾人助行器的设计原则，对所要研究的问题进行了设计定位，并根据设计定位提出了笔者的创新性想法，最后做出了整个设计方案。

湖北工业大学的周莉莉在其 2010 年硕士学位论文《便携康复轮椅的设计与研究》对现有手动轮椅进行调查，着重分析轮椅的种类以及主要部件的结构和功能，并根据正常的人体相应部位的尺寸推算出轮椅的主要部件的尺寸，为轮椅的设计提供尺寸依据。再从残疾人的心理需求出发，为满足残疾人内心更深层次的康复需求，对现有手动轮椅进行创新设计。

1.5.3 国外无障碍设计的研究实践

和其他的军用转民用的技术一样，国际上对无障碍设计的研究是由于第一次世界大战后大量的伤残军人和平民，欧洲各国开始着手为方便残疾人和老年人的各项生活设施和实践研究。

1919 年，英国已经通过了住宅法，1944 年发表了"适应于老年人需要的小住宅"的必要性的报告，老年人住宅的概念与实体产生了。1930 年末，瑞典和丹麦就开始提供老年人用的公寓，专门向领取养老金的人提供，由此可以看出政府的政策正由将老年人送入养老院逐渐转变成发展老年人独立住宅。

残疾人住宅政策和老年人的住宅问题，开始于欧洲社会的"住宅问题是一个重要的社会问题"的共同认识，残疾人的待遇由 20 世纪 60 年代的"隔绝式的护理，转变成开放体系福利"，因而残疾人住宅政策与老年人住宅政策一同急速发展。1959 年，丹麦发表了残疾人住宅委员会的报告，开始建设面向住宅小区的残疾人的集体住宅（COLLECTIVE HOUSE）。同年，瑞典开始提供残疾人住宅的国库补助，特别是进入 60 年代，瑞士、联邦德国、英国等相继发表了残疾人住宅建设计划，阐述了无障碍住宅设计部门的具体工作。1964 年，瑞典设立了弗卡斯（FOKUS）协会，出现了适用于重度残疾人用的住宅设备与 24 小时昼夜服务相结合的公寓，这种弗卡斯公寓在世界许多国家产生了很大的影响。

英国无障碍住宅大体可以分为下列两大类：第一类，方便行动住宅，此类住宅应能具有下列 3 种功能：①能通过平地或坡道（坡道不超过 1/12）靠近住户；②达到主要房间的通道（净宽 90 cm 以上）以及入口（连门框 90 cm 以上）具有能够方便地通过标准轮椅的宽度；③浴室、厕所、厨房以及一个卧室均在同一标高上。如能达到这些条件，所有能走路的残疾人，以及乘轮椅者中能行走两、三步的人就能在这种住宅中方便地通行。轮椅使用者中的 50%～75%，残疾人中的 90% 以上都能在此方便地生活。第二类，轮椅住宅，主要是针对下列人群：不能离开轮椅的人；虽能离开轮椅，但在厨房做事仍要用轮椅的人以及特大轮椅的使用者；使用浴室时仍然离不开轮椅的人。据称，需要此种轮椅住宅的人占轮椅使用的 40%，占人数的 0.16%。需要轮椅住宅的人们虽然是少数，但是这些人对住宅的要求是多种多样的，很难找到特定的解决措施。英国现在已制定此类住宅的面积标准和设计指南。James Holmes-Siedle（詹姆斯·霍姆斯-西尔德）在所著 *A Manual For Building Designers & Mangers*（《无障碍设计—建筑设计师和建筑经理手册》）中对各类障碍者的生理特性进行详细分析，并对无障碍设施配有详细尺寸。

美国是世界上最早制定无障碍标准的国家，目前也是无障碍法律上最完备的国家。

1956 年，美国在公共住宅中设置了面向老年人的住宅，并进行了康复法的修订，因此，残疾人住宅和老年人住宅发展很快。在全美，可作为住宅、护理等的活动中心有 170 处。另一方面，通过城市发展部，进行残疾人与正常人双方都可承租和利用的住宅开发。美国无障碍住宅，其外部通道、入口、走廊和各主要房间以及设备均符合相应的使用标准。对此种住宅分类、管理和使用均有差别。①灵活住宅：是美国特有的，具有一定灵活性，专供残疾人用的低价独立住宅。目前，美国住宅及城市发展部正主持此种住宅的研制。②混住式公共住宅：即在一般的公管、私管公共住宅中，不论是否属于无障碍，具有能确保老人和残疾人使用部分的住宅。③专用公共住宅：指专供老人及残疾人用的住宅，多数属于某个服务部门。此种住宅除有一般的公共设施外，大多设健康设施。④服务住宅：是专门公共住宅的一种，特指以地区为单位，以重伤残疾人为对象，实施统一护理与 24 小时全天服务相结合的公共住宅。⑤合住住宅：主要供老人、伤残人和低智人使用的住宅，每套 3～4 人，最多 10 余人合住，每人都有自己的房间，实行半自立生活。以不同程度的照料或互助为辅助，经过一定时间的过渡适应后，可移居到分散的居民点中去。

日本从 1961 年为老年人设立了低费养老院，1964 年，把住宅建设面向老年人的公共住宅。1972 年，日本房产公司开始实行老年人、残疾人优先住房制度，同时提供老人夫妻住宅，住宅金融机关也开始实行老年人同居补贴制度。1978 年，开始实施投资残疾人住宅的计划，这些制度的实施，使老年人和残疾人的住宅有了相应的改善。近年来，日本流行"两代居"式的住宅，这种住宅既解决了子女们对老年人的照顾问题，同时两代人又有相对独立的生活空间，符合东方人的亲情关系，很受老年人的欢迎。日本的高桥仪平在《无障碍建筑设计手册》详细列举了针对残疾人和老年人的公共建筑设施和住宅等不同空间的无障碍设施设计。野村欢在其《为残疾人及老年人的建筑安全设计》中回顾了日本自 20 世纪 60 年代以来为残疾人、老年人在安全使用建筑及城市环境改造方面制定的有关条例和规定；在建筑设计的基本要素、单元空间及室外庭院等方面列选了具体的技术措施和做法。

新加坡政府推出了"多代同堂组屋"，这种住宅的特点是两代人有自己的公寓，但起居室相互连通，可供老少同堂团聚进餐。在发展老年人住宅建设中，这些形式都可供我国借鉴的。

综上所述，当前国外的研究主要集中在无障碍的立法及与住宅的结合，以及建筑和室内设计应用方面；国内研究工作主要集中在医学的康复方面和心理特性方面，在建筑和家具设计方面也有相当深入的研究，而对于老年人的具体行为特性涉及较少。

本章小结

本章指出了人口老龄化五个方面特点，社会对人口老龄化的的认识过程及 5 种指标体系界定；老龄化社会所具有的内涵及特征。我国人口老龄化和老龄化的基本现状及特点，以及提出了针对性政策与法律。由此引申出无障碍环境理念发展，包括概念提出、发展过程、使用对象及老年人对无障碍设计的需求，最后无障碍设计的理论基础和国内外无障碍设计的研究和实践。

第2章　老年人的生理特征与无障碍设计

2.1　老年人的生理特征

2.1.1　老年人的定义

老年人的定义有两个，一是我国规定的标准，即年满 60 岁及以上的人。另外一个是国际标准，即年满 65 周岁及以上的人，从 65～75 岁以上为前期老年人，75 岁以上为后期老年人。

2.1.2　老年形态特征

（1）头发

头发变白，是判断一个人年老的最明显的特征。但是，这不能作为判断一个人是否老化的唯一特征，我们不能说一个人有白头发就是老年人。有些人在年轻的时候，30 岁以前就有白头发，俗称"少白头"。但是随着年岁的增长，在 60 岁以后，几乎所有人的头发都会变白。老年白发是正常的衰老现象，这与老年人的身体健康无太大关系，有的老年人满头银发但身体健康，精神矍铄，也有一些老年人白发很少但身体很虚弱。对于老年白发的一种科学解释是，白发是由于黑素细胞中酪氨酸酶活性进行性丧失而使毛干中色素消失所致，灰发中黑素细胞数目正常，但黑素减少，而白发中黑素细胞也减少。随着身体的衰老，头发会变得稀疏，手指甲和脚指甲会变厚、变干。

（2）皮肤

皱纹是老年人的另一个形态特征。老年人不仅脸上布满皱纹，身上的各处皮肤也都出现皱纹。民间有一句话，看一个女人的年龄就看她的手，很有道理。人变老了，皮肤就变得有褶皱，粗糙，缺乏弹性，会出现老年疣、老年性色素斑及角膜上的老年环等。皮肤出现皱纹和缺乏弹性，主要是因为皮肤组织萎缩，在皮肤深层的脂肪减少，同时皮肤细胞内的弹力纤维也消失；皮肤角质层肥厚，汗腺、皮脂腺萎缩，汗液分泌减少。同时，水分含量也减少，皮肤处于干燥状态，缺少光泽。皮肤有皱纹这一特征，女性比男性更容易产生，并且比较明显。一般地说，老年人皮肤上都会有很多黄褐斑，这主要是因为日晒使手臂和脸上产生的色素沉淀过度的结果。这也和老化前的皮肤护理和身体健康有关。一个人经常在阳光下暴晒，可能 30 多岁的时候就已经皮肤老化。迪特里克著的《老年社会工作：生理、心理及社会方面的评估与干预》中对老年人的生理变化有详尽的介绍。他认为在人生的 30 岁至 70 岁之间，皮肤细胞的更替作为正常的机体维护过程的一部分减慢了 50%。

在老年期皮肤变得比较脆弱，皮肤的更替较慢。因此，老年人比年轻人更容易碰伤皮肤，一旦老年人碰撞或跌倒会受到更大的创伤。对高龄老人来说更是如此。随着机体的老化，循环系统总体上的效率滑坡，血液循环到皮肤表面的速度减缓，造成皮肤受伤后愈合的时间延长，在伤口愈合上比年轻人需要多50%的时间。

另外，老年人对冷热反应的灵敏度要比年轻人低，常常受血液循环到皮肤表面的功能受损的影响。老年人不太可能通过寒战为身体产生热量或者通过出汗消除身体的热度，老年人的机体不能自动调节身体的温度。所以老年人的房间温度要高3~5℃才会感觉不舒服。天气的冷热变化对老年人来说特别危险，他们比年轻人早早就感受到温度大幅起落的作用。过长时间暴露在寒冷环境下造成体温过低，或者过长时间暴露在过热环境下造成体温过高，都对老年人不好。

（3）身高

大部分人从30岁以后身高便停止增长，便逐渐开始降低。有统计资料表明，在日本，从30岁到90岁之间，男性身高平均降低2.25%，女性身高平均降低2.5%。在身高降低的同时，老年人还会出现弯腰驼背的特征。迪特里克在他的书中认为，身高降低实际上是骨骼的萎缩，主要是由于脊椎骨的压缩而变矮。女性比男性矮得更多，因为她们的骨骼会随着绝经后失去雌激素而发生变化。老年人的脊椎可能变得更加弯曲，是由于肌肉细胞萎缩。丧失无脂肌肉以及肌肉组织中的弹性纤维，年老以后一般肌肉会损失力量和耐力。所以老年人应该经常锻炼这些肌肉，不常运动会加速肌肉力量的退化。

说到骨骼和肌肉，那么就不得不说一下牙齿。老年人往往不能吃一些硬的或酸的东西，往往说"牙口不好"，甚至很多老年人的牙齿脱落。我们一般使用的牙膏都会注明是否含氟，因为氟化物对牙齿很重要，年轻时没有对牙齿采取预防性护理措施的或者牙齿较少接触到氟的老人在晚年更容易掉牙。但是老年人还要慎用含氟牙膏，因为50岁以上的人各器官功能降低，出现内分泌失调，极易产生骨质疏松症，再用含氟牙膏，无疑是火上浇油。

（4）体重

在体重上，老年人并没有一个统一的特征，因人而异。有人会变得消瘦，有人会变的肥胖。变瘦是因为老年人的细胞内的液体含量比年轻人大约减少30%~40%。60岁以上老年人全身含水量男性为51.1%（正常为60%），细胞内含水量由42%降至35%，女性为42%~45.5%（正常为50%），所以老年人用发汗退烧要注意发生脱水。另外，老年人体重变轻是由于细胞数减少，器官重量减轻。随着岁数的增长，细胞数量减少的数目也逐渐增加。75岁老人组织细胞减少约30%，老年人细胞萎缩死亡及水分减少等，人体各器官重量和体重减轻，其中以肌肉、性腺、脾、肾等减重更为明显。细胞最明显的是肌肉，肌肉弹性降低、力量减弱、易疲劳。变胖是因为老年人脂肪代谢功能减退导致脂肪沉积，尤其是女性在更年期内分泌功能发生退化以后更为显著。随着年龄的增长脂肪增多，新陈代谢逐渐减慢，耗热量逐渐降低，因而食入热量常高于消耗量，所余热量即转化囤积为脂肪，使脂肪组织的比例逐渐增加，身体逐渐肥胖。人体脂含量与水含量成反比，脂肪含量与血总胆固醇含量成平行关系，因此血脂随年龄而上升。对我国四川省老年人进行的调查结果显示：四川省女性老年人的脂肪主要分布于皮下，而男性老年人却主要堆积在腹部。

2.1.3　老年人身体机能变化特点

在度过人体的成熟期后，随着年龄的增长，人的身体机能发生各种变化，称为老化，即机体内细胞和组织衰老，器官功能逐渐衰退和对环境适应性的减弱，特别是突然遇到强烈刺激或环境急剧变化时的应激能力的减弱，这是自然的生理变化表现，是相对于成长、成熟期而言各方面功能下降，是与残疾不同的生理现象。

人的衰老机制实际上从出生就开始了，老年人随着年龄的增长，会伴有生理、心理、精神行为以及生活方式上的改变，这些变化使往日正常的环境条件转变成了他们个人能力发挥和参与社会交往的障碍。

（1）感知能力的退化

老年人感知能力的变化影响着他们对周围物理环境和社会环境信息的接收，感觉系统出现衰退大约发生在 65 岁，最先表现在视觉和听觉发生障碍，而这两项是人们从周围环境中获得信息的最重要的渠道。同时，其他感觉系统也逐渐出现功能退化现象。

①视觉。它是人体最先从环境中获得感知的功能，也是老年人比较容易减退的一项功能。如进入老年后常见的老花眼，具体是指晶状体的硬化，睫状肌的调节能力衰退，观察近处物体时聚焦功能衰退的现象。其他老化现象还有视敏度、距离视觉、颜色感受性下降等，使老年人对亮度变化不易适应；对比度要大才能分辨形体和大小；常把带颜色的物体看成褪了色的，对接近的颜色不易分辨；后期高龄者中的很多人，视力的恶化将会达到日常生活形成障碍的程度。

②听觉。耳朵能使老年人接收到眼睛看不到的信息，也是社会交往的重要工具。听力的损失是因耳的外周机制和中枢机制的退化而形成的，听力衰退主要表现为：一是经常性的短时间失去听力；二是对高频声音不敏感，因而常见老年人交谈时倾向谈话人用以弥补听觉上的衰退。

③触觉、味觉和嗅觉。老年人通过触摸、品尝、闻味来辨别事物。他们往往对物体表面特征记得较牢，喜食风味食品，对空气中的异味不够敏感，触觉减弱，因而使老年人容易受到烫伤和灼伤，这在使用烹调设备上应予以特别关注。

（2）肌肉及骨骼系统的变化

人的肌肉力量从 30 岁以后便开始逐渐下降。若 20 岁时的体力为 100，随着年龄增长几乎可下降到峰值的一般左右。由于神经传导速度减慢，导致老年人动作缓慢，反应灵活性差；前庭器官功能减退，身体易失去平衡；皮肤增厚，感觉不灵敏，肌肉容易发生疲劳，耐力减退，不能长时间运动；骨骼的弹性和韧性降低，易发生骨折；身高降低，体力活动能力下降等，其结果是起立、上下楼梯、开关门窗等日常生活均受到影响。表 2-1 是一人身体机能老化情况汇总。

表 2-1 身体机能的老化

身体机能		中老年 （45~64 岁）	前期高龄者 （65~74 岁）	后期高龄者 （75 岁以上）
身体、 运动 机能	身体尺寸、 体重的变化	身高稍有降低，体重有 所增加	身高体重明显下降，个 人差别增大	个人差别比前期缩小， 身高、体重大幅下降
	肌肉力量	肌肉力量及呼吸功能稍 有减退	肌肉力量及呼吸功能减 退，骨骼变弱	肌肉力量及呼吸功能明 显减退，骨质明显疏 松、变弱
	平衡能力、 移动能力	尚未发现移动困难，平 衡能力稍有下降	平衡能力明显下降，明 显移动困难	平衡能力显著受损，移 动相当受限
知觉 机能	视力	近处视物对焦模糊，需 用老花镜，对眩光的敏 感度增加。暗适应能力 下降。静视力、动视力 均稍有下降。对颜色的 识别能力稍有下降	聚焦功能下降，戴眼镜 矫正后视力仍偏低。进 入视网膜的光线约为年 轻人的 1/3，受眩光影响 增强。静视力、动视力、 大幅下降。视野变窄， 对颜色的识别能力大幅 度下降	视力（静视力、动视力） 显著下降，对颜色的识 别能力明显下降，视野 明显变窄。因白内障、 绿内障引起失明的概率 上升
	听力	对高频声的听力稍有 下降	对高频声的听力减退， 对中频声的听力也稍有 下降，有时需借助助听 器。杂音干扰的影响度 增强	对高、中频声的听力严 重下降，需经常借助助 听器
	味觉、嗅觉、 皮肤感觉	极细微的衰退	稍有衰退	明显衰退
	反应速度	稍显迟钝	明显迟钝	非常迟钝
	记忆力、注意力	学习能力及记忆力、注 意力稍有衰退	学习能力及记忆力、注 意力明显衰退	学习能力下降至二十几 岁时的一半以下
认知技能	知识利用	处于变化积累过程中的 流动智力基本不发生变 化，积累并自觉运用的 固定智力是稳定的，有 时还有多增长	处于变化积累过程中的 流动智力有所减退。积 累并自觉运用的固定智 力基本稳定，有时还有 所增长	处于变化积累过程中的 流动智力、积累并可自 觉运用的固定智力均大 幅减退

（3）对温度、湿度和气候变化的反应

由于老年人新陈代谢减慢，使其对温度、湿度和气候变化的反应更加敏感，适应能力减弱，健康状况容易受到影响，易诱发生活中的不适与障碍发生。

（4）中枢神经系统功能的变化

老年人神经系统的变化主要是因为脑细胞的减少而造成反应迟钝，影响到老年人对外界事物做出反应。表现为对陌生的环境生疏，辨别方向适应性差；平衡能力、黑暗适应能力、注意力、记忆力、知识的运用能力等均出现衰退，并且睡眠等生活规律也将发生变化。

2.1.4　老年生理功能状态

老年人形态上的特征，只是外表面上能看到的，但实际上更主要表现在内部生理功能方面的衰退。人到了 40 岁以后，机体形态的机能就已经开始逐渐出现衰老现象，通常认为 45～65 岁为初老妻，65 岁以上为老年期。老年人除了身体形态上的变化，生理功能也发生了一系列变化。如视力老花、白内障、听力衰退、活动不便、腿脚不灵活、失眠、便秘、排尿障碍、食欲减退、记忆力减退等，这些都是老年人常见的功能性老化。人体有八大系统，神经系统、呼吸系统、消化系统、泌尿系统、内分泌系统、生殖系统、循环系统和运动系统，老年生理功能的变化也在这八大系统内发生。

（1）神经系统

神经系统由大脑和神经网络构成。大脑结构和功能的改变是老年人重要的生理特征，随着年老，神经系统的功能会下降。在超过 50 岁的时候，老年人随着年龄的逐渐增长，大脑的重量逐渐减轻，这是神经细胞数量减少所致。也有人认为，脑细胞数自 30 岁以后呈减少趋势，60 岁以上减少尤其显著，到 75 岁以上时可降至年轻时的 60% 左右。甚至有学者表示脑细胞从 20 岁的时候就开始减少了，每年会丧失 0.8% 脑细胞在不同的功能、不同的位置会选择性的减少。60 岁时大脑皮质神经和细胞数减少 20%～25%，小脑皮质神经细胞减少 25%。70 岁以上老人神经细胞总数减少可达 45%。虽然以上 3 种看法对脑细胞减少的时间和数量有所不同，但是，基本上我们可以知道，老年人的脑细胞会随着年老而减少，并且比年轻时要少很多。不过，虽然脑细胞减少，一些功能会发生变化，但绝对不是丧失。随着老化，血管中易出现动脉硬化、内腔变窄，以及脑室扩大。由于脑组织的退行改变和脑动脉硬化、脑血流量减少，使大脑生理功能发生变化，记忆力、听力下降，学习能力减退，对外界反应迟钝，感觉反应、平衡能力减退。反应能力降低，肢体动作不到位容易导致老年人发生意外伤害。

以上的功能特征，我们会发现，实际上老年人神经系统的最大变化是迟钝，也就是神经递质效率的下降。老年人神经传递信息的速度变慢了，例如，一个老人的手不小心被开水溅到，他要花更长的时间意识到自己被烫到并且做出反应。他的认知是没问题的，他被烫到了，但是需要长一点时间处理信息。

在睡眠方面，老年人的睡眠效果总是不太好。我们会注意到周围的老年人总是黑白颠倒，有时天还没黑便早早睡觉，但是半夜又会醒来，并且精神很好，这样一直保持清醒到天亮，白天的时候又会不时打盹。就这样反反复复，老年人的睡眠节奏完全被打乱。人们睡觉主要是为了恢复体力，尤其是深度睡眠更有效果，但是老年人却不能很有效地睡眠。一般地说，老年人应该尽量迟些睡觉以保证睡眠的规律性，这样才能保证睡眠的质量。

在神经系统方面，老年人最容易出现的病症有脑血管病、帕金森症和老年痴呆症。脑血管病和心血管病、肿瘤是我国老年人的三大死亡原因。脑血管病目前尚未有有效的治疗方法，因此预防更为重要。老年痴呆症也是常常困扰我国老年人的一个病症，这是一种慢性神经系统疾病，是脑功能失调的表现，症状是脑组织的退行性变化和智力的衰退缺损。

（2）呼吸系统

呼吸系统是人体最先开始衰老的系统。通常，老年人在呼吸系统功能上衰退最明显的特征是胸闷、气短、有痰。"呼"与"吸"，它表示了人体吸入氧气排出二氧化碳的全过程，呼出系统包括参与此过程的所有器官，有上呼吸道、下呼吸道、肺脏、胸廓、呼吸肌，呼吸系统也就是这些器官的老化。

首先最明显变化就是肺部的变化，肺的功能下降和呼吸困难。虽然这些变化很大程度上是因为生理上的老化，但是污染物和有毒物质的慢慢积累，也是造成呼吸系统病变的另一原因。肺部的主要老化特征是肺泡数量的减少，肺泡壁变薄，泡腔扩大，弹性减退，肺组织质量减轻，呼吸肌萎缩，肺弹性回缩力降低，导致肺活量降低。有研究证明，人的肺活量在 10 年里会减少约 150 mL，如果一个人 25 岁，肺活量 100 mL，那么当他 68 岁的时候肺活量就减到 82 mL。另外，老年人支气管黏膜萎缩，纤毛上皮细胞的纤毛运动减退，使排除异物功能减退；由于动脉硬化，肺动脉也可发生粥样硬化及血栓形成，肺毛细血管床减少，肺血流量减少；呼吸肌群的肌力也减退，胸廓顺应性降低。以上这些都会导致老年人的肺通气、换气功能减退，储备能力降低。老年人的呼吸比年轻人要慢得多、浅得多。并且由于呼吸功能的下降，也导致身体其他器官的氧气供给不足。呼吸系统防御功能还会降低，因为鼻软骨弹性降低，黏膜及腺体萎缩，鼻腔对气流的过滤和加温功能减退或丧失，加重下位气道的负担，使整体气道防御功能下降。

老年人经常会出现肺炎和支气管炎等病症，而且还很容易感冒。在我国，呼吸系统疾病、流行性感冒和肺炎是排在死亡原因的第四位，肺感和流感排在第六位。而肺炎在老年人中的发生率也较高这是各种因素长期作用的综合结果。经常吸烟或吸入空气污染物，会减弱呼吸道内纤毛清除异物的能力；之前提到老年呼吸系统的防御功能降低，净化呼吸道的能力也减弱。咳嗽是人体的一种保护性呼吸反射动作，但由于呼吸肌、肋间肌和膈肌收缩力量的减弱，使咳嗽无力，就有利于病菌的生长和繁殖，从而致病。

（3）消化系统

老年人在吃饭时经常会食不知味，食不下咽。这不仅与味蕾有关系，也是整个消化系统共同作用的结果。人体消化系统由消化道和消化腺两部分组成，主要包括口腔、食道、胃、肝脏大肠和小肠。消化系统的基本功能是食物的消化和吸收，供给机体所需的物质和能量。

在口腔，口腔黏膜和唾液发生萎缩，唾液分泌减少，老人会经常感到口渴；牙齿的变化会造成咀嚼困难，食物嚼不烂。在消化时就更困难；舌头上的味蕾数目减少，使味觉和嗅觉降低，以致影响食欲。每个舌乳头含味蕾平均数，儿童为 248 个；75 岁以上老人减少至 30~40 个，其中大部分人会出现味觉、嗅觉异常。食道可能因老化变窄、缺乏弹性，蠕动减少而黏膜层纤维增加，食物到胃里会花更长的时间，因此很多老年人常常吃一点就感觉饱了，胃部、胃黏膜萎缩，胃壁伸缩性变差；胃液分泌减少，胃液内盐酸的浓度也有所下降；各种消化酶活性下降，影响对食物的水解及消化。肝脏也出现萎缩，肝脏的重量在 30 岁的时候最大，以后会慢慢减少，到 60 岁时重量减少最快，到 90 岁的时候肝脏会减少到年轻时的 1/2。肝脏占人体体重的比值，在 60 岁以前大致稳定在 2.5%，到 90 岁的时候能降到 1.6%。胃和肝的功能的大大下降，也使老年人的消化能力减弱很多。老年人肠蠕动功能和小肠吸收功能减退，小肠黏膜萎缩减少了小肠吸收面积，导致老年人吸收障碍而营养不良。而老年人的食道和胃肠道平滑肌的运动能力降低，食物通过速度减慢，胃排空时间延长，直肠肌、提肛肌萎缩，收缩力降低，常会导致便秘和排便困难，而高龄老人由于肛门外括约肌松弛往往出现大便失禁。胃口不好和消化问题会使老年人出现体重严重下降。消化和排泄不顺，导致他们就更不愿意进食。

便秘是老年人最常见的胃肠道问题，而且随着年龄的增加还有加重的趋势。更严重的是，便秘不仅给老年人带来生活上的困扰，还对老年人的全身性疾病产生不良影响，尤其是对心脑血管疾病有影响。粪便在肠道里停留时间过长，也就增加了有害物质停留的时间，对身体有害。老年人出现便秘的情况除了生理上的原因之外，还有饮食过于精细和缺少运动、活动过少。消化系统另一个常见病就是慢性胃炎。这是由于多种原因引起的胃黏膜的慢性炎性病变，年龄越大，发病率越高。其早期症状可能是间或感到胃灼热，严重的情况下会发展成胃溃疡。

(4) 泌尿系统

老年人经常有尿频的问题，尤其是在夜间会更频繁，就是"起夜"。其主要的原因是老年人泌尿系统老化。泌尿系统包括肾脏、输尿管和膀胱。肾脏有两大功能，第一，是从血液中过滤水和废弃物，并通过小便排出废物；第二，是让过滤过的血液在回归体内循环前回复离子和矿物质的平衡，这点至关重要。迪特里克在他的书中认为，随着机体的老化，肾脏能力会减少 50% 之多。某些药物，包括抗生素，对老人的身体系统有更强的作用，是由于药物通过肾脏自然的过滤较少。肾脏可能会丧失吸收葡萄糖的功能，因而导致老年人有可能出现严重的脱水。

迪特里克认为，由肾脏到膀胱的输尿管和膀胱都有可能丧失肌肉紧张性，这有可能导致膀胱不能完全排空。当膀胱中的尿液排不干净时，老人就更容易出现尿路感染。由于膀胱的储存能力降低，老年人可能需要更频繁的排尿。这种情况最有可能出现在夜间，并可能会扰乱睡眠。尽管排尿频繁，但老人还可能会由于神经系统效能的降低而较迟才感觉到需要排尿。小便失禁可能就是膀胱储存能力，在生过孩子之后骨盆底部肌肉会变得松弛。对男人来说，尿道问题可能会由于前列腺方面的问题而加剧。

肾脏的重量随着年龄的增长而减小，控制尿液分泌的肾小球的数目，在老人 70 岁的时候会减少到成年时的 1/2～2/3，间质纤维化，肾包膜增厚，肾功能也随之减退。膀胱的容量，也较年轻时小，尿贮流量在大约是年轻人一半的时候就出现排尿感。老年女性经常会出现膀胱炎。男性前列腺肥大是在老年阶段才出现的，一般从 50 岁开始，60 岁的时候剧增，80 岁更为多见，出现夜尿增多、排尿困难症状。

老年人在泌尿系统方面常见的病症有：水和电解质紊乱；原发性肾小球疾病；尿路感染；急性肾功能不全；高血压肾脏病；药物性肾损伤。

(5) 内分泌及生殖系统

内分泌系统由内分泌腺分布于其他器官的内分泌细胞组成。人体的主要内分泌腺有脑垂体、松果体、甲状腺、甲状旁腺、胸腺、肾上腺、胰腺、性腺(卵巢、睾丸)。内分泌系统的老化主要是两种激素发生变化，由胰腺调节的胰岛素水平的改变，以及睾丸素和雌激素水平的降低。随着年龄的增长，各种内分泌腺的重量都会不同程度减轻。脑垂体是位于颅底垂体窝内的一个椭圆形的小体，它分泌多种激素，如生长激素、催乳素、促性腺激素、促肾上腺皮质激素、促甲状腺激素、抗利尿激素、催产素等。随着年老，脑垂体的体积会略有缩小，垂体纤维组织和铁沉积增多。胰腺是老年人内分泌器官改变最明显的器官，除胰腺萎缩变小外，还可能出现纤维化、硬化。甲状腺由许多大小不等的滤泡组成，主要功能是影响代谢、促进生长发育、提高神经系统的兴奋性。甲状腺老化会发生间质纤维化；滤泡缩小，滤泡间的结缔组织增生；皮质和髓质细胞均减少；在功能方面基础代谢率有降低趋势；甲状腺激素的收容力下降，这是老年人肾上腺皮质功能的特征，它还使老年人保持内环境稳定的能力与应激能力降低。胰岛素的主要作用是调节糖、脂肪及蛋白质的代谢，它能促进全身各组织，尤其能加速肝细胞和肌细胞摄取葡萄糖，并且促进它们对葡萄糖的贮存和利用。人变老，胰岛细胞减少，对葡萄糖刺激的应答能力就会降低。胰岛效能降低，葡萄糖无法被新陈代谢，血糖的含量就会升高，容易诱发糖尿病。性腺主要指男性的睾丸、女性的卵巢。而随着年龄的增大，这些器官都会发生萎缩，分泌功能下降。男性50岁以上，其睾丸间质细胞的睾酮分泌下降，雄激素分泌也下降，受体数目减少，或其敏感性降低，导致性功能渐减。女性35～40岁雌激素急剧减少，60岁降到最低水平，60岁以后稳定于低水平。大多数女性会在50岁左右发生绝经，在这之后，女性的内分泌系统会普遍发生改变，卵巢的雌激素停止分泌，但还是会继续分泌一些雄激素。男性在生殖方面的老化要比女性缓慢，绝经的女性便不再有生育能力，但男性在这方面虽然会出现衰退，但一直会持续到老年。

内分泌系统常见病有糖尿病。男性易发前列腺增生和性功能障碍，女性易发子宫颈癌、子宫内膜癌、子宫脱垂和卵巢肿瘤。糖尿病是指由于胰岛素分泌的减少，引起人体内部糖、脂肪和蛋白质等的代谢紊乱，而导致血液中的血糖增加和排泄糖尿。但糖尿病并不是因为胰岛的老化才发生，有肥胖或饮食习惯上患者占总体患者的40%。老年人应该保持合理膳食，劳逸结合、心情舒畅的状态，要定期进行健康检查，关注血糖变化。

(6)循环系统

循环系统在人体内是体液(包括血液、淋巴和组织液)及其借以循环流动的管道组成的系统，包括心血管系统和淋巴系统。老年人的老化主要表现在心血管系统的老化上面。心血管系统，即心脏和血管。随着年龄增长，心脏发生了很大的变化。老年人心脏生理性老化主要表现在心肌萎缩，心肌肥厚变硬，弹性降低；类脂质沉淀，主要是脂肪和胶原蛋白聚积在心肌上。这些使心脏的效能减低，收缩能力下降，不仅心跳变慢，心脏每次搏动输出也减少，心脏负荷增加，储备能力和适应能力也下降。心输出量减少，输送到各器官的血流量也就减少，供血不足会影响各器官功能的发挥。血管随着老化也会发生不同程度的硬化，动脉滑或有粥样斑块发生。这些变化削弱了心脏的功能，增加了血流的阻力，血压上升，对其他器官的供血不足。

心血管系统老化最常引起的病症有心律失常和传导阻滞，老年性高血压病、冠心病和脑血管病，脑血管病一般有脑出血、脑血栓、脑栓塞。高血压是老年人常见的心血管病，有资料显示，年龄每增加一岁，患病的概率就增长 10%。年龄、遗传、饮食和心理因素都是导致高血压的主要原因。根据世界卫生组织规定，60 岁以上的老年人，收缩压大于 21.3kPa(160mmHg)，舒张压大于 12.6kPa(95mmHg)，即患有高血压。高血压没有什么明显的症状，如果不经测量是不易发现的。高血压会损伤动脉，容易生成血栓，它是常见的中风的原因。冠心病，即冠状动脉粥样硬化性心脏病，也是我国老年人患病率较高的一种病症。由于冠状动脉发生粥样性硬化，血管阻塞、血流不畅引起心肌缺血缺氧，所以冠心病又称作缺血性心脏病。老年人心脏病发作时，由于痛感阈限高，所以不像年轻人那样感觉剧烈疼痛，他们会感觉到一般性的不舒服和疲倦。

(7)运动系统

运动系统由骨、骨连接和骨骼肌 3 种器官组成，也就是人体的骨骼、关节和肌肉，它是人们从事运动和劳动的主要器官。身高、体重的变化与骨骼、肌肉有关。肌肉随着年龄的增大，出现弹性降低、收缩力减弱等现象，肌肉没有力量，而且肌肉变得松弛，容易疲劳，老年人的耐力减退，很难坚持长时间的运动。骨骼中有机物减少，无机盐增加，这使骨的弹性和韧性都降低，容易出现骨质疏松症，甚至骨折。老年的关节面上的软骨退化，容易出现骨质增生和关节炎。

骨质疏松症是老年人十分常见的一种病症。缺钙型骨质疏松比较多见，老年人对钙的摄入和吸收变少，老年人的性激素分泌减少，也会加速骨质疏松，尤其是绝经后的女性更为明显。骨质疏松的稳定和预防主要在于饮食和运动，所以最好能补充钙并定期做运动或进行体力劳动，这有助于稳定骨质流失。

(8)感觉系统

感觉系统具体负责的是我们对外界的感觉，如触觉、视觉、听觉、味觉和嗅觉、痛觉等。人老了，尤其是到 70 岁以后，这些感觉器官都会发生变化。

触觉。触觉属于皮肤感觉，还包括温度觉、痛觉。这些感觉的阈限从 40 岁起就逐渐增高，感觉的功能随着年老而弱化。之前在神经系统中提到老年人在被开水烫伤时感觉到的疼痛不强烈，他的疼痛阈限升高，这样很容易导致烫伤或冻伤而无法接受治疗。

视觉。视觉的变化从 40 岁左右的时候就已经开始了。老年人通常都会有老花眼，眼睛需要较多的光才能聚焦，并且对强光反应敏感；老年人分辨颜色的能力可能会下降。老花眼是老年人逐渐产生的近距离阅读困难，就是看近距离的物体不清晰，和近视正好相反。老年人眼睛的晶状体逐渐变厚、变硬、弹性降低，而且老年人眼部肌肉的调节能力也逐渐下降，因此在看近处物体时很难调节焦距。老年人对光亮度的辨别能力下降，瞳孔变小、变固定。当老年人要看清东西的时候，由于瞳孔不能放大，就需要更多的光线。但是当老年人不需要这么多的光线的时候，瞳孔也无法缩小限制光线，所以老年人也无法适应强光。同时，老年人还会逐渐丧失周边视觉，仅有中央视觉，出现视野狭窄。老年人对红、黄色的辨别仍是很敏锐的，但是对蓝色、紫色、绿色却难以辨别，主要是因为晶状体变黄、出现浑浊，减少了老年的色觉。老年人极易发生白内障。晶状体硬化、脱水、营养代谢障碍、内分泌紊乱、辐射损伤等可引起晶状体囊膜损伤，使其渗透性增加，丧失屏障作用，或导致晶状体代谢紊乱，使晶状体蛋白质发生变性，形成浑浊。白内障是我国老年人致盲的主要疾病。青光眼是眼内压调整功能发生障碍使眼压异常升高，因而有视功能障碍，并伴有视网膜形态变化的疾病，50~70岁的老人更容易患病，且女性居多。

听觉。老年人普遍会出现听力下降，听觉的灵敏度可能会减少50%，难以分辨不同的声音。老年性聋通常情况下出现在65~75岁的老年人中，发病率可高达60%左右，且男性比女性多见。听力下降不仅表现在能听到的音量下降，还有对音频的辨识能力下降。因此，面对有些耳聋的老人，他听不见声音并不一定是音量的问题，所以不需要很大声对他说话。

味觉和嗅觉。很多老年人会有"口重"的问题，他们吃不出饭菜的咸淡，也闻不出煤气、天然气、烟雾等的味道。味蕾随着年龄的增加而减少，一般年轻人味蕾数会有295~348个，但74~84岁的老人仅有约88个，酸、甜、苦、咸的味觉阈限变高，他们的食物要放更多的盐或糖才能尝出滋味。老年人的嗅觉敏感性也降低，鼻腔上部的嗅觉感受器数量减少。食物的好吃总是讲究色、香、味，但是老年人吃不出滋味，也闻不到味道，这样就很容易失去胃口。而且老年人闻不到煤气等的味道，这对于独自在家的老年人是很危险的。老年人的身体特征就是以上介绍的形态特征和功能特征。尤其是生理功能上的变化，是老年人老化的最主要特征，很多形态上的变化都是由身体内部系统的变化引起的。虽然感觉系统不是人体的八大系统，但是它的老化也给老年人带来不少困扰，值得关注。在老年常见病症方面有些病症是到老年时才有的，如老年痴呆等，有些是哪个阶段都有，但是老年时期特别严重、高发的是冠心病、老年骨质疏松症等。老年人身上的疾病往往并不是只有一个，一个疾病总是有多个并发症并且可能很多疾病共同发生。由于老年人独特的生理特征，所以需要更多地关注老年人的身体健康，防止老年人健康恶化。

2.1.4　老年人致残主要类别

根据第二次全国残疾人抽样调查肢体残疾标准（2006），肢体残疾是指人体运动系统的结构、功能损伤造成四肢残缺或四肢、躯干麻痹（瘫痪）、畸形等而致人体运动功能不同程度的丧失，以及活动受限或参与的局限。

肢体残疾包括：①上肢或下肢因伤、病或发育异常所致的缺失、畸形或功能障碍；②脊柱因伤、病或发育异常所致的畸形或功能障碍；③中枢、周围神经因伤、病或发育异常造成躯干或四肢的功能障碍。

我国从人体运动系统有几处残疾、致残部位高低和功能障碍程度综合考虑，将肢体残疾分为4个等级，并根据其在未加康复措施的情况下，实现日常生活活动（Activities of Daily Living，ADL），不同能力对不同等级的肢体残疾人进行整体功能评分，见表2-2。

表 2-2　肢体残疾人的分级标准

肢体残疾等级	评价标准	实现 ADL 的能力	评分
一级	1. 四肢瘫；下肢截瘫，双髋关节无自主活动能力；偏瘫，单侧肢体功能全部丧失 2. 四肢在不同部位截肢或先天性缺肢；单全臂（或全腿）和双小腿（或前臂）截肢或缺肢；双上臂和单大腿（或小腿）截肢或缺肢；双全臂（或双全腿）截肢或缺肢 3. 双上肢功能极重障碍；三肢功能重度障碍	完全不能实现日常生活活动	0~2
二级	1. 偏瘫或双下肢截瘫，残肢仅保留少许功能 2. 双上肢（上臂或前臂）或双大腿截肢或缺肢单全腿（或全臂）和单上臂（或大腿）截肢或缺肢；三肢在不同部位截肢或缺肢 3. 两肢功能重度障碍；三肢功能中度障碍	基本上不能实现日常生活活动	3~4
三级	1. 双小腿截肢或缺肢；单肢在前臂、大腿及其上部截肢或缺肢 2. 一肢功能重度障碍；两肢功能中度障碍 3. 双拇指伴有食指（或中指）缺损	能够部分实现日常生活活动	5~6
四级	1. 单小腿截肢或缺肢 2. 一肢功能中度障碍；两肢功能轻度障碍 3. 脊椎（包括颈椎）强直；驼背畸形大于 70°；脊椎侧凸大于 45° 4. 双下肢不等长，差距大于 5 cm 5. 单侧拇指伴有示指（或中指）缺损；单侧保留拇指，其余四指截除或缺损	基本上能够实现日常生活活动	7~8

由于本文研究内容所限，只能选择具有代表性又有研究可行性的老年人，所以笔者将选择下肢障碍的乘坐轮椅者和挂杖者、单上肢障碍、双上肢障碍和脊柱损伤者来研究。根据目标群体的生理特点，本文将研究对象分为 3 类共 5 种：

（1）下肢障碍者：①乘坐轮椅者；②挂杖者。

（2）上肢障碍者：①单上肢障碍者；③双上肢障碍者。

（3）脊柱损伤者。

谢蓝（2010）根据肢体残疾人的生理障碍对其进行划分，研究认为：缺单臂者主要障碍存在于缺失手臂周围的操作；缺手指者难以承担各种精巧的动作，持续力差，对拿取、整理、旋转、拔、拧、搓等动作和持续时间存在一定障碍；坐轮椅者部分或完全丧失下肢运动力量，动作受轮椅的限制较大，挂杖者水平推力差，行动缓慢，不适应常规的运动节奏，单手操作动作过大，对身体平衡性会产生较大影响。

2.1.4.1　下肢障碍

下肢障碍是指下肢因伤、病或发育异常所致的缺失、畸形或功能障碍。从障碍下肢的部位和数量来分，可分为单下肢障碍和双下肢障碍；从辅助工具来分，可分为使用拐杖和乘坐轮椅。

（1）运动机能

①单下肢障碍。腿和腰的关系极其密切，一般腿不好的人，腰就会不好。因为腿出了

问题，为了保持走路平衡，两条腿所受压力就不均等，腰椎间盘的摆动就会发生改变，长期保持此状态，腰椎间盘就会受到挤压，最终导致脊椎和脊柱的病变。单下肢障碍需要使用拐杖或者助步器行走，长久会导致侧关节压力增大，侧股骨头坏死和骨关节炎；肢体两侧不协调还会导致骨盆移位和脊柱侧弯；小儿麻痹症由于患肢肌肉萎缩，膝盖无力，下肢残疾久了，腿部就会萎缩。

②双下肢障碍。双下肢运动功能都丧失的时候，人要保持日常的活动，本来依赖双腿的事情就得由上肢来完成。这样，上肢就会越来越强壮，经笔者调研，双下肢功能丧失的人一般上肢都比较有力。这同盲人的听力特别好是一个道理，"补偿效应"。但是，双下肢由于功能丧失，时间长了肢体就会萎缩。

由于部分或完全丧失双下肢运动机能，移动需乘坐轮移，动作受轮椅的限制较大，手的活动范围受到轮椅限制，在起坐轮椅时需要辅助器具；使用卫生设备时需设支持物，以利移位和安全稳定。

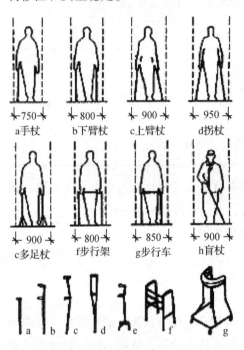

图 2-1　助行器类别及使用者水平行进尺寸

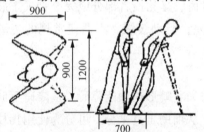

双拐使用者的动作幅度(单位: mm)

图 2-2　拄杖者的人体尺寸

（资料来源：《无障碍建筑》）

（2）人体尺度

人们在室内工作和生活的活动范围大小，即人体动态尺寸，也称动作域，是确定室内空间尺度的重要依据因素之一。其主要影响因素是老年人的辅助工具。

①下肢障碍使用拐杖或助行器。拄杖者为保持身体平衡和行走，行动时占用空间较大，弯腰困难，易摔倒，体力较差，上下楼梯困难。拄杖者根据身体情况的不同，经常使用各种手杖或拐杖，如图 2-1 所示。使用不同的拐杖，其水平行进尺寸也不同：使用双拐的动作幅度最大，宽幅达 1 200 mm 前后达 900 mm，如图 2-2 所示；使用单拐，则尺寸要稍小。

②下肢障碍独立乘坐轮椅。坐轮椅时的人体尺度如图 2-3 所示。

2.1.4.2　上肢障碍

上肢障碍是指上肢因伤、病或发育异常所致的缺失、畸形或功能障碍。从障碍的部位和数量来分，可分为单上肢障碍和双上肢障碍；上肢障碍所选择的辅助工具一般是假肢。

（1）运动机能

①单上肢障碍。单上肢障碍者的主要障碍存在于缺失手臂周围的操作，无法完成同时需要双手的工作。行走时不存在障碍，在残肢患病或外伤之后初期，在身体保持平衡方面存有障碍，可

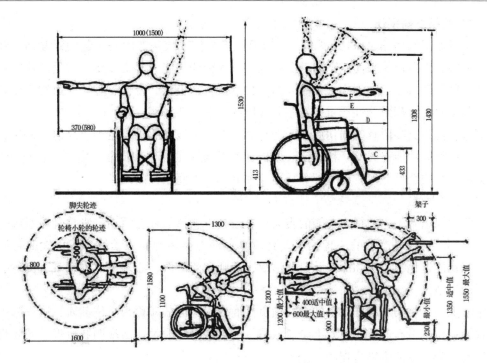

图 2-3　坐轮椅者的人体尺度及活动范围

(资料来源:《人体工程学:人—家具—室内》《室内设计原理》)

通过康复和练习渐渐完善。

②双上肢障碍。一般情况下,双上肢都障碍的人无法完成穿衣、洗澡等基本生活行为,需要其他人帮助。有些行为用嘴巴和脚来代替,例如,用嘴巴写字,用脚拿筷子吃饭等。

(2)人体尺度

人体尺度主要指人体的动态尺寸。主要影响因素是老年人所选择的辅助工具,分为不穿戴假肢和穿戴假肢。

①不穿戴假肢。单上肢障碍者只有单臂可操作,活动区域如图 2-4(b)中灰色区域是单上肢障碍者比常人对比缺少的活动范围;(a)是正常人上肢的活动尺度及活动范围。

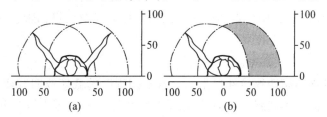

图 2-4　单上肢障碍者与常人的上肢尺度及活动范围对比

(资料来源:作者绘制)

②穿戴假肢。穿戴假肢时,上肢运动尺度与常人一致,但手无法完成抓取的精细动作。尺度如图 2-4(a)所示。

2. 1. 4. 3 脊椎脊髓损伤

脊椎脊髓损伤(spinal cord injury,SCI)是由于损伤或疾病等因素引起的脊髓结构及其功能的损害,以致损伤平面以下运动、感觉、自主神经功能的异常改变。常见的病因有交通事故、高处坠落、运动创伤等,另外尚有自然灾害、炎症、变性、肿瘤、血管病变以及发育性因素等。该病致残性严重,有不同程度的截瘫或四肢瘫。

截瘫,是指胸腰段脊髓损伤后,受伤平面以下双侧肢体感觉、运动、反射等消失和膀胱、肛门括约肌功能丧失的一种病症。颈椎脊髓损伤往往引起四肢瘫。其中,上述功能完全丧失者,称完全性截瘫,还有部分功能存在的,称不完全性截瘫。

(1)运动机能

脊髓损伤患者站立及行走功能的丧失,导致其不能参与社会活动,影响骨骼肌肉与心肺功能,同时,造成严重的心理损害。其中,生理上会出现肌肉萎缩、废用性的骨质疏松、膀胱功能退化、压疮和深静脉血栓形成,心肺功能减弱;心理上出现悲观、抑郁、失望、无助等情绪。

医学上一般将第二胸椎以上的脊髓横贯性病变引起的截瘫称为高位截瘫,第三胸椎以下的脊髓损伤所引起的截瘫称为下半身截瘫。高位截瘫一般都会出现四肢瘫痪。截瘫患者长期病痛缠身,生活难以自理。

脊柱是躯体的中轴骨,作为身体的支柱,具有支撑、传导头、躯干、上肢的重量和附加重量,缓冲振荡,维持躯干平衡,保护脊椎及神经根的作用;脊柱参与组成胸、腹、盆腔壁,能从后方保护胸、腹、盆腔脏器;脊椎椎骨内含骨髓组织,具有一定的产生红细胞等造血功能。脊柱结构复杂,其结构在力学上既具有静力学,也具有动力学特点。脊柱由脊椎骨、椎间盘组成,前者累加高度占脊柱全长的3/4,后者占1/4。脊柱周围有坚强韧带连接,还有很多肌肉附着,既能维持高度的稳定,又具有相当柔软的活动度。

人体脊柱由33块脊椎骨组成即:7个颈椎、12个胸椎、5个腰椎、5个骶椎及4个尾椎,其骶尾椎相互融合为一块三角形骶骨。脊柱前部由椎体及椎间盘组成,后部是各椎体的椎弓根、椎板、横突及棘突,在前后两部之间为一纵行的容纳脊髓的管状结构,称为椎管,椎管壁既有骨性管壁,也有由椎间盘及各韧带组成的软组织管壁。根据脊柱的形态结构特点及生物力学特点,Armstrong、Denis等将脊柱分为前、中和后柱。前柱包括前纵韧带、椎体及椎间盘前2/3,中柱包括椎体及椎间盘后1/3及后纵韧带,后柱包括椎体附件及其韧带。

(2)人体尺寸

根据脊椎脊柱损伤病情致残性严重,会有不同程度的截瘫或四肢瘫。在这种情况下,人体尺度也各不相同:①截瘫,下肢的运动功能丧失,人体尺寸与双下肢障碍者相同;②四肢瘫,四肢的运动功能丧失。

2. 1. 5 老年人致残后的人体九大系统临床症状调研结果

笔者经过调研发现:由于部分或完全丧失下肢运动能力,坐轮椅者普遍缺乏运动,大部分坐轮椅者心肺功能较差,呼吸困难,而且易患高血糖、高血压、高血脂;患脊椎疾病的肢体障碍者会脊椎变形；一些患小儿麻痹症的坐轮椅者由于脊椎侧弯，坐在轮椅上时，臀部的左右骨点无法均匀着力，长期保持这种坐姿，更加恶化脊椎侧弯，日积月累严重的人还导致脏器移位，见表 2-3。

表 2-3　在九大系统中表现的临床症状

残疾类型 九大系统	单下肢残疾	双下肢残疾	双上肢残疾	脊椎损伤者
运动系统	①单侧下肢体残疾，需要使用拐杖或者助步器行走，导致对侧关节压力增大，对侧股骨头坏死，骨关节炎。②双侧肢体不协调导致骨盆和脊柱侧弯	①双下肢肌肉萎缩②长期轮椅可能导致驼背畸形，同时手的负荷增大导致上肢退变性疾病的发生。需要轮椅辅助下运动	①上肢残疾导致人的平衡运动能力下降，运动时易于摔倒，受伤。②同时会导致生活自理能力丧失，需要专人帮助	①中低位截瘫导致下肢运动功能障碍和双下肢瘫痪，需要轮椅辅助下运动②高位截瘫导致四肢瘫，生活无法自理，长期卧床
消化系统	无明显消化功能异常	长期乘坐轮椅，下肢腹部无法正常运动，导致胃肠蠕动减慢，消化功能下降，排便功能下降，增加胃肠道肿瘤的发病率	①主要因为生活无法自理，可能导致饮食、大小便无法自理②影响饮食，解便习惯，致消化功能紊乱	高位截瘫患者胃肠自主神经功能障碍，导致胃肠蠕动功能减弱丧失，致消化不良，顽固性腹泻，甚至需要长期肠内营养治疗
呼吸系统	单肢残疾脊柱侧弯，可导致胸廓旋转，呼吸活动度下降，可致呼吸困难	长期乘坐轮椅导致后凸畸形，使胸廓体积变小，影响呼吸胸廓活动度，影响排痰能力，易于引起肺炎	无明显呼吸功能异常	①高位截瘫患者肋间肌、膈肌功能和呼吸机功能丧失，导致呼吸功能下降，严重者需要气管切开呼吸机辅助通气才能维持生命②高位截瘫长期卧床可能导致双下肺坠积性肺炎，亦会影响呼吸系统
泌尿系统	无明显泌尿系统异常	①长期坐轮椅会压迫直肠增加直肠肿瘤发生率②压迫膀胱导致尿储留。男性前列腺长期受压，引起前列腺增生，肿瘤	排尿无法自理，可导致精神源性尿潴留，尿失禁	①患者常有尿潴留或尿失禁，但以前者为多②截瘫患者圆锥马尾神经损伤导致泌尿功能障碍，排尿困难，尿潴留，泌尿系统感染
生殖系统	无明显生殖系统异常	①长期坐位压迫睾丸引起性功能下降，睾丸癌②女性亦可致性功能下降	无明显生殖系统异常	①性功能是否受到影响，看损害是否在 T9 胸椎以下②圆锥马尾损伤导致会阴部感觉丧失，性功能障碍，射精障碍，逆向射精等
内分泌系统	无明显内分泌系统异常	内分泌失调	无明显内分泌系统异常	自主神经功能丧失，内分泌失调，汗腺分泌异常
免疫系统	可致免疫力低下	可致免疫力低下	无明显免疫系统异常	免疫力低下，易感人群，容易细菌病毒感染

（续）

残疾类型 九大系统	单下肢残疾	双下肢残疾	双上肢残疾	脊椎损伤者
神经系统	单侧肢体废用性萎缩，神经功能减退，损伤部位出现感觉减退或过敏	①双侧肢体废用性萎缩，神经功能减退 ②损伤部位出现感觉减退或过敏	双上肢肢体废用性萎缩，神经功能减退。损伤部位出现感觉减退或过敏	①脊柱神经受损，会伴随疼痛 ②截瘫患者脊髓损伤导致四肢及内脏神经功能丧失，感觉异常
循环系统	无明显循环系统异常	长期坐姿可能导致血压下降	无明显循环系统异常	自主神经损伤四肢血管张力下降，导致神经源性低血压

（资料来源：作者调查）

2.2 基于老年人生理特性的无障碍设计原则

在《残疾人权利国际公约》中，宣告人类大家庭所有成员的固有尊严和价值以及平等和不可剥夺的权利，是世界自由、正义与和平的基础。公约重申一切人权和基本自由都是普遍、不可分割、相互依存和相互关联的，必须保障残疾人不受歧视地充分享有这些权利和自由。该公约认为，残疾是一个演变中的概念，残疾是伤残者和阻碍他们在与其他人平等的基础上充分和切实地参与社会的各种态度和环境障碍相互作用所产生的结果；无障碍的物质、社会、经济和文化环境、医疗卫生和教育以及信息和交流，对残疾人能够充分享有一切人权和基本自由至关重要。环境和建筑的规划与设计应考虑包括一定范围的残疾人的需求，不应因某人由于某种形式或程度的残疾而被剥夺其参与和使用建设环境的权利，或不能与他人平等参与社会活动。对于每一个人，包括广大残疾人群体来说，创造一个安全、方便、舒适的无障碍环境是极其重要的，无障碍设计的根本原则就是实现"人人参与、人人共享、人人平等"的目标。为实现这个目标，我们在无障碍设计中需要考虑无障碍设计原则。

无障碍设计的一些原则由相关规范提供，例如全美残疾人使用无障碍设计标准、我国国内的无障碍设计规范等。为了更好的应用和理解无障碍设计，另有许多学者们相继从无障碍设计的应用角度提出各类原则譬如：梅斯早期研究提出的无障碍三 B 原则和美国堪萨斯州立大学服装设计系提出的通用设计五 A 原则以及台湾的工业产品设计师研究提出的 F－E－A－A－T 原则等。其中，以通用设计中心提出的七原则最具影响力和说服力，该原则包括：①使用的公平性；②弹性的使用方法；③简单容易学会；④多种类感官信息；⑤容错设计；⑥省力设计；⑦适当有效利用的体积与使用空间。

（1）安全性

老年人由于自身的生理、年龄、疾病、特殊状态等原因，对环境的感知力较差，对刺激的反应灵活性也较低，有时难以克服某种障碍，易发生危险。对普通人来说没有任何问题的地方，对老年人来说就有可能成为一种障碍，他们往往比正常人更容易发生摔倒事故、跌落事故、碰撞事故、夹伤事故、危险物接触事故等，这些事故可能会对他们造成伤害甚至危及生命安全。

（2）可行性

为老年人设计的室内空间和家具，应符合他们的特殊人体尺寸；操作符合其运动机能和行为特性；功能设置符合其特殊需求。要求使其够得着，拿得起，按得动。

（3）舒适性

对老年人的关爱应体现在室内空间和家具细部设计处理上，空间和家具的形态要合理匹配，行为流线要流畅，材料质感要和谐，让人在使用过程中感受到舒适、体贴和周到。

2.3 基于老年人生理特性的无障碍设计研究

为了给老年人创造一个有益于生活和健康的无障碍建筑环境，除满足设计的一般要求外，更重要的是要强调弥补性、预防性和发展的可能性的设计原则。就是要考虑到老年人所减退的功能，创造的环境既对他们有利但又不是过分地保护，使老年人能方便、安全地活动，发挥自身最大的作用。例如基于对老年人试听特点的分析，考虑到其对于老年人的定向和与环境接触具有决定性的作用，在建筑空间环境尺度的选择上，应做到尺度适宜，多提供一些较小尺度的环境，创造近距离的接触，避免引起老年人因对各种声音分辨困难而发生误解，从而导致的行为失当，或发生危及安全和健康的行为。

在空间形态的处理上，应提供熟悉的能唤起记忆的形体、符号和标志，是老年人依靠过去储存在大脑中的信息产生呼应，有利于弥补反应和功能上的不足。较为稳定的生活环境有助于他们在大脑里形成对周围环境的一张熟悉的"认知地图"，所产生的安全感和归属感为老年人营造一个轻松、愉悦的交往氛围，为老年人良好的身心健康提供了保障。设计原则主要有以下几个方面。

（1）步行环境的安全性原则

①步行路面没有高差，避免在行走过程中跌倒或被障碍物绊倒。

②路面铺设防滑材料。

③对外部通道和易湿水部位，应特别加以考虑。

④对使用辅助器械或购物车的老人，应该考虑步行路面所需宽度等。

⑤避免步行空间设有凸起物。

⑥适当设置休息场所。

（2）信号与信息环境的系统性原则

①信号设计应考虑文字的大小、颜色的识别与对比。针对老年人方向感差、记忆力和判断力下降、会出现看不懂复杂的文字说明、路线等情况，需要在建筑物内外设置统一、易识别的标志，帮助其克服障碍。

②同时设置视觉信息与音响信息。音响导向与警报声的音量固然重要，但也应注意周围噪声等的声音背景。

③信号应采用易懂、明亮的照明设施。

（3）器具等操作环境的适用、舒适与艺术性原则

①选择易握、便于操作的门把手和水龙头等。

②适当研发无障碍器具与设备的自动化使用问题。

2.3.1 下肢障碍独立乘坐轮椅老年人的无障碍设计研究

下肢障碍独立乘坐轮椅者的生理特性主要包括：部分或完全丧失下肢运动机能，行动缓慢，平衡能力弱。导致的障碍主要体现在：身体动作受轮椅的限制较大；手的活动范围受到轮椅限制，在起坐轮椅时需要辅助器具；各项设施的尺度均受轮椅尺寸的限制；轮椅行动快速灵活，但占用空间较大；使用卫生设备时需设置支持物，以利移位和安全稳定。

相对应的无障碍设计主要包括：

（1）入口通道

入口通道的最少净宽度为 850 mm，理想净宽度为 1 500 mm，以方便两部轮椅同时通过。轮椅操作空间平行于门方向的宽度，应为门的宽度再加上门边至少 500 mm。入口内外两旁建议提供 1 500 mm×1 500 mm 作为轮椅操作空间。在主要入口及公众的共用地方设置半自动推拉门。主要入口不应设置旋转门，除非旋转门的每一隔足以让一部轮椅或手推车通过。如有旋转门，应在旁边设置另一扇无障碍门。入口处宜安装闭路电视、紧急事故按钮和楼层指示牌。

（2）水平交通

地面首先须防滑，方便坐轮椅者保持平衡，如地面光滑或地面积水，则会导致轮子摩擦力减小，轮椅无法行进；其次地面须尽量避免门槛、台阶和较大的缝隙，一定要设置台阶的地方，须在旁边设置坡道，坡道的坡度须符合规范要求，坡道须防滑，坡道须设置栏杆。

通道宽度与空间。轮椅直行时较容易，转弯时需要一定的宽度；在卫生间和厨房这类面积小且功能复杂的空间，须考虑到轮椅的旋转半径。

（3）垂直交通

对健全人来讲，上下楼可以选择使用楼梯。但对下肢障碍独立乘坐轮椅者来说，室内有楼梯的地方就非常难以通行，这时可使用垂直升降轿厢式电梯，公共空间中须安装无障碍电梯，电梯空间大小须符合规范要求，方便坐轮椅者进入和旋转，电梯间内须设置倒后镜，方便坐轮椅者安全倒出，电梯间内须三面安装抓杆，方便坐轮椅者保持稳定和平衡；在地铁车站等空间还须安装自动升降平台。

（4）人手的活动范围与正常人的差别

健全人在垂直方向上的手的够及范围可以从地面到头顶以上，但坐轮椅者的手的够及范围有限，如图 2-5 所示，在设计橱柜、器具和物品位置(卫生洁具和门把手)、插头时须考虑这一差别。物品和设施的过高或过低都是一种障碍。

（5）容腿空间

健全人在洗涤、烹饪和进行其他任务时可以站立姿势完成，但对下肢障碍坐轮椅者来说，除了睡觉，绝大部分时间都是坐在轮椅上，所以绝大部分的操作都是坐在轮椅上完

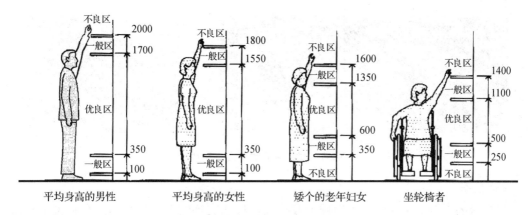

图 2-5　各类人群的人体尺寸差别对比

(资料来源：作者绘制)

成。坐轮椅时如果不考虑容腿空间则无法够及操作对象。如图 2-6 所示，厨房操作台、书桌椅、洗手台等桌台类家具或设施需考虑这一特性。

图 2-6　厨房操作台和洗手台的容腿空间

(资料来源：《无障碍住区与住所设计》)

2.3.2　下肢障碍拄杖老年人的无障碍设计研究

下肢障碍拄杖者的生理特性主要包括：部分下肢运动机能受损，攀登和跨越动作困难，水平推力差，行动缓慢，不适应常规的运动节奏，行走时躯干晃动幅度较大；单手操作动作过大时，对身体平衡性会产生较大影响。导致的障碍主要体现在：上下楼梯时存在很大障碍；拄双杖者只有坐姿时，才能使用双手；要注意的是使用卫生设备时他们常需要支持物。

相对应的无障碍设计主要包括：

(1)地面需防滑

即便是健全者在硬质地面上或非常光滑的地面上也不易行走，如光滑的大理石地面或打蜡的木质地板等，而下肢残者拄杖者的腿脚不便，且腿脚与拐杖之间不易保持平衡，更容易滑倒。一旦滑倒就很容易摔伤导致骨折，不及时救治则有生命危险。

(2)楼梯台阶的形式与尺寸

台阶形式如图 2-7 所示，图中列举了容易使人摔倒的台阶和不易使人摔倒的台阶。台阶高度最大不能超过 175 mm，深度最小不能少于 240 mm；台阶前缘须设置色彩鲜明的防滑突条。

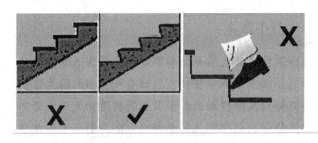
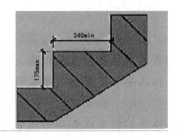

图 2-7   楼梯台阶的形式与尺寸

（3）扶手

拄杖者的下肢平衡脆弱，需使用上肢扶住抓杆或支持物以保持平衡。在玄关、楼梯、卫生间、厨房、卧室等功能复杂需变换动作的空间需设置抓杆或扶手。

扶手顶部离斜道、梯级边、地面或平台面，应在 850～950 mm。扶手应能让老年人舒适地使用，建议设置管状扶手，外围直径在 32～40 mm。扶手与墙壁的净距离应在 30～50 mm。扶手末端应有延伸部分，延伸部分的末端离开每段楼梯的第一个和最后一个梯级边缘至少 300 mm。扶手末端应有收尾处理以避免引致伤人或勾到衣物。方法有：末端往下转至少 100 mm；末端转向墙面；末端转向扶手的最后一根栏杆竖杆，如图 2-8 所示。扶手的纵向及横向的承载力不应少于 1.3 kN。

图 2-8   扶手的形状与高度

2.3.3   上肢障碍老年人的无障碍设计研究

上肢障碍者的生理特性主要包括：部分或完全丧失上肢运动机能。单上肢障碍者的手的活动范围小于正常人，难以承担各种精巧的动作，持续力差，难以完成双手并用的动作；双上肢障碍者完全丧失上肢（小臂／大臂）运动机能，小臂障碍者的肘部还可以完成手的一部分运动机能，大臂障碍者则丧失上肢的大部分运动机能。

导致的障碍主要体现在：上肢障碍者在行走中没有障碍；单上肢障碍者在日常生活中需用到单手的时候不会遇到障碍，例如吃饭、洗漱、洗澡等行为；但遇到需用双手的时候，则遇到很大障碍，需要用脚代替手，或者借助辅助工具和其他人的帮助。相对应的无障碍设计主要包括：

（1）入口通道

不宜设需手推开的平开门或旋转门，上肢障碍者无法用上肢推开门，宜设自动感应门。在主要入口及公众的共用地方设置半自动推拉。主要入口不应设置旋转门，除非旋转门的每一隔足以让一部轮椅或手推车通过。如有旋转门，应在旁边设置另一扇无障碍门，如图 2-9 所示。入口处宜安装闭路电视、紧急事故按钮和楼层指示牌。

（2）门把手

门把手离地面的高度应在 950 ~ 1 050 mm。宜设置横向条状把手，方便手部关节有毛病或不灵活的人使用，球形把手不宜使用，如图 2-10 所示。柜门、抽屉都应考虑手有障碍的人群，宜安装明把手，不宜使用暗把手。

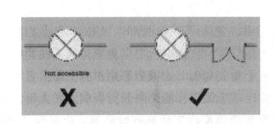

图 2-9　入口通道　　　　　　　　　图 2-10　门锁的把手

（3）电梯低位按键（用脚）

上肢障碍者在使用垂直升降电梯时，普通的电梯按键的高度设计依据是成年人站立时手抬起方便操作的尺寸，由于双上肢障碍者没有双手，只能用脚来按键，此时的高度对脚而言过高，容易摔倒，应设计低位按键，如图 2-11 所示，不仅方便双上肢障碍者，也方便双手拿物品的人。

（4）坐便器冲水方式

上肢障碍者无法用手来按键进行冲水，宜设计成踩踏方式、感应方式和传统按键方式并存，如图 2-12 所示。

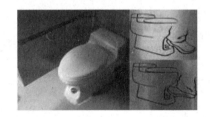

图 2-11　电梯间低位按键　　　　　　图 2-12　踩踏式坐便器

本章小结

本章主要是老年人的生理特性研究，具体研究内容包括：各类老年人的九大系统临床症状、老年人的致残原因以及各类老年人的运动机能和人体尺度。

根据康复医学理论研究，人的九大系统可以作为生理特性的指标。老年人由于外伤或病变导致肢体受到损伤、截肢等，运动机能也相应受到损伤。在康复期间和痊愈之后，由于运动机能受到损伤而导致的运动量明显减少，老年人在九大系统中的表现与常人有明显差异。运动量对人体机能有重大影响，这在康复医学中已得到证实。

首先，与常人差异程度最为明显的是运动系统。单下肢障碍者的健腿会变粗和更有力，医学上称为"代偿效应"。此外，拄杖单腿行走会导致脊椎两侧受力不均衡，从而在生理上会致使脊椎弯曲和病变，在行为上会明显改变行走姿势；双下肢障碍者由于双下肢的运动机能丧失，日常生活中都依靠上肢操作轮椅，根据"代偿效应"，上肢力量增强；双上肢障碍者由于上肢运动机能丧失，日常生活中原本需要上肢完成的动作(例如吃饭、洗脸和写字等)都需要下肢训练完成，根据"代偿效应"，下肢变得更加灵活；中低位截瘫导致双下肢瘫痪和下肢运动机能丧失，需要在轮椅辅助下移动。高位截瘫导致四肢瘫，生活无法自理，长期卧床。

其次，老年人的呼吸系统、内分泌系统、免疫系统和循环系统与常人的差异程度一般。其原因是运动量的影响，运动量不足会引起"代谢综合症"。其中，双上肢障碍者的运动量主要依靠下肢运动，所以双上肢障碍者与常人相比运动量差异并不太大；下肢障碍者由于日常依靠拐杖步行和轮椅移动，下肢运动量比常人减少许多，其中，乘坐轮椅比拄杖的运动量更少；截瘫者由于脊柱受损，有不同程度的下肢瘫和四肢瘫，运动量几乎没有。以上4类老年人在呼吸系统、内分泌系统、免疫系统和循环系统的临床表现分别是：心肺功能衰弱，呼吸困难；患糖尿病几率增加，代谢缓慢，同时易患高血压、高血脂、高血糖、高血尿酸和高血粘度；心血管功能退化，冠心病、心绞痛和心肌梗塞的发病率增加；免疫力下降和紊乱。此4类老年人在呼吸系统、内分泌系统、免疫系统和循环系统的临床表现的轻重程度排序为单上肢障碍者、双上肢障碍者、单下肢障碍者、双下肢障碍者、截瘫者。

最后，老年人的消化系统、神经系统、生殖系统和泌尿系统与常人的差异程度最小。

第3章 老年人的心理特征与无障碍设计

　　个体的老化除了生理的老化，还有心理的老化。我们可以说一个人如果头发花白、满脸皱纹、行动迟缓、各种身体系统功能弱化，那么他在生理方面已经衰老了。但是判断一个人是否心理老化就不那么容易了，很难定出到底什么才算心理老化的标准，甚至给心理老化一个确切定义都很困难。程学超、王洪美编著的《社会心理学》认为，老化是指从人的生长发育、成熟到衰退过程的后一阶段中所表现出来的一系列形态学以及生理、心理功能方面的退行性变化；衰老则是指这一过程，即老化过程的最后阶段或结局。从以上这个定义，我们可以概括出什么是心理老化，心理老化就是人的心理功能方面的退行性变化。"老人十拗"中的第一拗"不记近事记得远事"是在说老年人的记忆力，这就是老年人心理的退行性变化。但"大事不问琐事絮"就不能说是一种退行性的变化，而是人到老年表现出的一种心理倾向。

　　我们可以这样理解心理老化：随着年龄的增长、生理上及社会生活环境中的变化，使得老年人拥有不同于年轻时期的心理特点；这是一个过程，是从某个根源引起心理的变化到转变结束的全过程；这种变化并不是消极的，"老"并没有任何贬低的意味。《北京成年教育》杂志中《心理老化的15种表现》一文中，读者可以参考，看一下自己是否已经心理老化。其15种表现如下：①记不住近事；②如有急事在身，总感到心情焦急；③事事总以我为主，以关心自己为重；④喜欢谈过去的事；⑤对过去的生活常常后悔；⑥对现在发生的事都无所谓；⑦愿意一个人过日子，不愿意去麻烦他人；⑧不易接受新事物；⑨讨厌喧闹的环境；⑩不愿和陌生人接触；⑪对社会的变化疑虑重重；⑫常常关心自我感觉和自己的情绪变化；⑬常讲自己的过去和功劳；⑭好固执己见；⑮常爱搜集和贮藏无聊的东西，自得其乐。

　　由于生理方面的障碍或疾病，许多老年人产生不同程度的心理困惑和问题。与普通人群相比，他们的心理承受力十分脆弱。无障碍设计不仅仅要从物质上解决功能和尺度的问题，还要从老年人的心理特性出发来更好地补充和完善。

　　为了获得第一手的详尽确实的调查资料，笔者进行了一项对江沪闵地区老年人群随机抽样的问卷调查结果显示：老年人身体的残疾导致了他们特殊的心理特点及与众不同的生活方式和行为模式，他们在心理上比身体健全的人更渴望沟通、尊重及自我实现。然而，由于种种原因，社会目前对这一群体的关注尚远远不够。为此，应加强对这一群体的心理特征与心理需要的研究，采取措施给以解决，并为老年人的无障碍设计提供科学依据。

3.1　老年人心理特征的调查研究

3.1.1　研究目的、内容和方法

（1）研究目的

研究目的是掌握老年人心理需求的相关信息，与正常人的差异以及产生的原因，从而为老年人的室内无障碍设计提供依据。

（2）研究内容

研究内家是老年人的心理需求的调查研究，可以反映老年人的心理特性及对无障碍设计的需求状况。

（3）研究方法

采用被调研对象填写调查问卷的方式，调查问卷由笔者在江苏省残疾人联合会的协助下向南京肢残协会的老年人分发。问卷由个人填写，无法填写的人（双上肢障碍者）由笔者阅读解说后帮助填写。调查问卷见附录 A。

3.1.2　人的心理需求与老年人的心理特性

3.1.2.1　马斯洛需求层次论

需求层次理论是马斯洛在 1943 年发表的《人类动机的理论》一书中提出来的。马斯洛理论把需求分成生理需求、安全需求、归属与爱的需求、尊重的需求和自我实现需求 5 类，依次由较低层次到较高层次。第一，生理需求。如对食物、水、睡眠、空气和住房等需求都是生理需求。第二，安全需求。个人追求人身安全、生活稳定以及免于痛苦、威胁等的需求。第三，归属与爱的需求。人是社会的一员，每个人都需要友谊和群体，需要在人际交往中获得彼此的互助和赞许，并从中获得归属感。第四，尊重的需求。尊重需求既包括对自我价值的个人感觉，也包括要求得到他人的认可和尊重。第五，自我实现需求。指通过自己努力发掘潜能，实现自己对生活的期望，它位于需求层次的顶层。其中前两种需求属于基础性需求，后 3 种需求属于高级需求。高级需求更复杂，因此它的满足需求更多的条件。

3.1.2.2　老年人心理老化表现方面

刘荣才在《认识老年人心理特点提高老年健康水平》中认为心理老化主要在以下几方面：

①各种感知能力和反应能力首先开始老化（视觉、听觉、触觉及味觉、嗅觉）。

②记忆力和思维能力发生明显变化。

③情感方面，表现为增力性情感（积极性情感）下降，而耗力性情感（消极性情感）则有所增值。喜欢怀旧忆旧，显得比较稳重、沉着，有的人会产生失落感和孤独感。

④老年的个性具有持续性、稳定性与变迁性相结合的特点。既是"本性难移"、"从老看小"，有可能随着社会环境和生活事件的变化而发生变化。"老顽固"也可以变为"新潮

派"。

3.1.2.3　老年人的心理需求层次

通过深入的调查研究，作者发现，一般情况下，老年人的基本生理需要和安全需要即基础需要能得到满足，但是归属与爱的需要、尊重的需要和自我实现的需要还是很缺失的。

首先，归属与爱的需要。"处于这一需要阶层的人．把友爱看得非常可贵，希望能拥有幸福美满的家庭，渴望得到一定社会与团体的认同、接受，并与同事建立和谐的人际关系。如果这一需要得不到满足，个体就会产生强烈的孤独感、异化感，产生极其痛苦的体验。"人人都是社会中的一员，归属与爱的需要在群体中才能得到满足。从残疾人的角度来看，由于老年人身体的缺陷，交往的范围往往局限在自己的亲属，虽然随着网络的发展，社会各地的老年人通过网络结交认识更多的朋友，但网络的世界毕竟不是现实社会，而现实社会中歧视现象依然存在，所以部分老年人由于自身或者社会原因难以真正融入社会。

其次，尊重的需要。马斯洛指出，来自他人的尊重包括威望、承认、接受、关心、地位、名誉和赏识。他认为，尊重需要的满足将产生自信、有价值、有能力等感受。反之，这一需要一旦受到挫折，就会产生自卑、弱小以及无能感觉。残疾人由于身体的缺陷，在社会交往过程中，更加注重他人对自己的尊重，而有调查显示，90%以上的残疾人在与他人交往过程中，把尊重放在首位，最不能承受他人异样的目光，希望交往对方平等尊重自己。

再次，自我实现的需要。马斯洛认为：它可以归入人对于自我发展和完成的欲望，也就是一种使它的潜力得以实现的倾向。这种倾向可以说成是一个人想要变得越来越像人的本来模样，实现人的全部潜在欲望。残疾人和健全人一样，在满足了基本的需要以后，更渴望自己通过各种途径能够获得成功，实现自己的人生价值，从而证明"只有能力不同的人，没有能力残缺的人。"而自我价值的实现，能够让障碍者更加自信，能够让老年人获得个人魅力，更能够让老年人在社会交往中获得尊重。

3.1.3　老年心理过程的变化和特点

3.1.3.1　认知

认知是指人们获取信息然后加工、应用的过程。老年人认知方面的变化主要包括感觉、知觉、智力、记忆力、学习能力和思维方面的变化。老年人的心理变化是从感知觉开始的，感知觉是一切更高级心理现象的基础，因此感知觉的衰退对老年人其他心理现象影响很大。例如，有些听力下降的老人，无法正常理解别人的话，就会产生严重的社会隔离感，可能导致忧郁；另外还有一些老人会由于听不清话而认为别人对自己有敌意。

（1）智力

怎么理解智力呢？最简单的理解就是一个人是否聪明。当一个人很快地解完一道数学题，我们会夸他很聪明，或者说他智商高。那么在此意义上，老年人的智力有何变化呢？与年轻的时候比是变笨了还是变聪明了？迪特里克在他的书中对老年人的心理特征作了专门论述，而且对老年人智力的变化有比较独特的见解。

智力是个人收集信息,对其加工处理,生成新的想法,并在日常生活中把信息用于新的和熟悉的情景中的方式。可以把智力分为两种,一种是"结晶智力",一种是"液体智力"。结晶智力,顾名思义是靠积累获得的智力。烹饪和维修等工作都是靠经验知识积累而提高能力的。老年人在这方面的智力应该是随着年龄的增加而提高的,积累的知识和经验不断增加,知道的便更多。就知识积累而言,老年人的智力是提高的,他们会越来越聪明,或者持平,至少不会减退。而液态智力是一种保有新信息,把新信息与已经积累的知识结合在一起用于解决问题的能力。液态智力也是综合性的智力,包括各方面因素,如抽象思维、适应能力、学习能力、创造力等。结晶智力会因年龄增加而提高,那液态智力就会下降吗?迪特里克倾向于老年人与年轻人的智力只有微小的差别。但是更多的研究人员还是认为,人的液态智力在成年早期会达到高峰值,而之后就会逐年衰退。各因素老化的程度和速度是不同的。

影响老年人智力衰退的因素很多,有遗传因素、身体健康状况、脑和神经系统的老化、性别因素和学历、职业等社会因素。在身体健康方面,迪特里克强调营养不良会造成智力功能下降。这种影响主要表现在老年人要花更多的时间对付身体或情绪上的不适,而用来完成认知任务的精力就少了。所以问题并不是老年人智力功能下降,而是他们可以投入到复杂的认知功能中的心理能力减少了。日本的老年心理学的研究学者井上胜也对影响老年智力的因素有过测试和研究,其中一些内容辑录在由长谷川和夫主编的《老年心理学》中。他在性别因素上作的研究,显示老年男性的智力要比女性高。他推测这可能反映了社会文化地位的差异、学历差异等;"老年痴呆症"女性的发病率也高,所以不能排除男女生物学上的差异。在学历上,虽然不能把智力看做学历,但是两者都是呈很高的正相关的。在职业上,从事某种职业的人比没有从事这种职业的老年人显得智商高,但不能说这是老年人特有的差别,这仅是职业上的差别。

(2)记忆力

老年人在智力上的差别不甚明显,在记忆上可算是发生巨大的改变。他们出门可能会经常忘记带钥匙,会忘记正在烧着的开水。老年人会有记性变差,记得以前的事,但最近发生的事情记不住,而且经常听见老人说"话就在嘴边上,怎么就记不起来"。记忆是在头脑中积累和保存个体经验的心理过程,运用信息加工的术语讲,就是人脑对外界输入的信息进行编码、存储和提取的过程。记忆根据信息保持时间的长短分为感觉记忆(瞬时记忆)、短时记忆和长时记忆。人接受外界的刺激,形成感觉记忆,然后对此进行编码形成短时记忆,然后被存储到长时记忆,而当有新的外界刺激时长时记忆的信息也可以被提取到短时记忆中。

老年人在记忆力上的变化具体如下:瞬时记忆随年老而减退,短时记忆变化较小,老年人的记忆衰退主要是长时记忆。老年人对年轻时发生的事往往历历在目,中年时的事业记得比较清晰;但是老年时期发生的事情忘得比较快,还会出现记忆混乱,情节支离破碎,张冠李戴。在内容方面,老年人更容易记住靠理解记忆的信息,而需要机械记忆的数字等就很难记住,人名对老年人来说也很难记住。当记忆中的事物再次出现的时候,老年人很容易想起来,但让他自己回忆某些事情就很困难。老年人的记忆力减退主要是信息提取过程和再现能力的减弱，而在长时记忆中储存的信息仍然能很好地保持在脑海中。所以，如果能够经常提起老年人的往事，有助于减缓记忆力的衰退。总体上来说，老年人在70岁以后会有明显的记忆力衰退，在四五十岁的时候会开始轻度的减退。

老年人记忆力衰退是因为年老，还有其他一些因素：脑组织和脑神经的退行性变化是记忆力衰退的生物学基础，记忆是在大脑皮层上形成和恢复暂时神经联系，由于年老，神经细胞的减少直接或间接地影响记忆力；有神经系统或心血管系统疾病的老年人记忆力较差；大脑缺乏必要的营养成分，会引起记忆力明显衰退；文化水平与职业也影响老年人的记忆，文化水平高的人到年老时记忆力会好些，从事脑力劳动者的记忆要比体力劳动者好些；记忆的动机也是一个重要因素，老年人会记不住中午吃了什么，但是能记住餐桌上来看望他的人。对老年人来说重要的事情更容易记住，他认为不重要的便不费心去记。

（3）学习能力

老年人的学习能力降低，这点似乎是无争议的，凭着我们的刻板印象会这样认为，但是很多学者在实验研究的基础上提出了不同的看法。在程学超和王洪美编著的《老年心理学》中，介绍了对老年人学习能力的研究和观点。其中有观点认为一过45岁，人的学习能力便急速地衰退。有研究者不认同此观点，认为老年人的学习能力没有减退。学习成绩是与学习内容有关的，老年人对自己感兴趣的学习材料学习效果会提高，但是面对与自己生活关系不大、不感兴趣的材料，学习就难以进行。

老年人需要更长的时间和更慢的速度学习，而且学习新事物会比较困难，这是老年人学习能力老化的地方。老年人的学习能力也与动机有关，如果是在实验室的情况下，老年人学习效果比较差；如果是在现实生活中迫不得已、必须学习的，那么老年人也会学得很好。老年的记忆力是在下降的，如果不能记住所学的东西，也就无学习能力；而且老年人的生理变化，如视力、听力的下降，也影响他们对新知识的吸收。

（4）思维

思维是一种高级的认知形式，人们通过它对接收到的信息进行深层次的加工，对事物的认识具有概括性和间接性。与其他心理活动相比，思维的老化是比较缓慢的，也不明显。老年人的思维一般比较刻板、固执己见，而且爱钻牛角尖。思维不灵敏，适应新情况、解决新问题的应变能力也变差，思路转化比较困难。《老年心理学》认为，经验能在一定程度上补偿因年老而引起的思维方面的不足。例如，下棋的时候有经验的老年棋手有高超的棋艺。虽然思维的灵敏度下降，但老年人仍具有一定的创造力。另外，老年人的思维与他的人生经历有很大关系，也和智力水平有一定关系。

3.1.3.2　情绪、情感与性格

（1）情绪与情感

提到情绪与情感，我们会想到"七情六欲"，其中"七情"喜、怒、哀、惧、爱、恶、欲就是情绪，是人的一种主观感受。情绪、情感是人对客观事物是否符合自己的需要而产生的态度和体验。老年人在情绪、情感上的变化主要表现在3个方面：老年人关切自身健康状态的情绪活动增强；对于自己的情绪表现和情感流露更倾向于控制，遇到喜事不会雀跃欢呼，遇到伤心事也不会痛哭流涕；消极悲观的负面情绪逐渐占上风，如失落感、孤独

感、疑虑感、抑郁感、恐惧感等。

失落感即心理上若有所失、遭受冷漠的感觉。这主要是社会角色的变化，退休后休闲在家，社会关系和生活环境与以前比都显得陌生。而且子女"离巢"使得家里变得冷清，也会让老人更加失落。那些与子女分开居住的老年人常会感到孤独，尤其是一些居住在楼房中的独居老人，与亲友、邻里来往不勤，有时可能会多天不下楼。而即使与子女一起居住的，子女每天上班，也让老年人倍感孤独。疑虑感，主要是老年人对自己的能力产生怀疑，常常觉得自己老了，无用了，有自卑的倾向。抑郁感是老年人比较严重的一个情绪问题，甚至可能出现抑郁症。老人总是长吁短叹，当各种问题和矛盾出现的时候，都会使老年人产生抑郁感。老年人总是在担心和恐惧，他们害怕生病，特别是有重病，对死亡产生恐惧感，同时也害怕自己给子女带来负担。

老年抑郁症是老年人常见的心理疾病之一，是一种以持续性的会反复发作的情绪低落为特征的情感性心理障碍。抑郁症常常会出现在重大事件变故之后，例如丧偶、得重病。抑郁虽然是老年人的心理特征之一，但绝对不是正常的、健康的老化。抑郁症的主要症状有：情绪压抑、沮丧、痛苦、悲观、厌世、自责，甚至出现自杀倾向和自杀行为。因此患有抑郁症的老年人应该就医，通过心理治疗使老年人心理健康。引发抑郁症的原因主要有生理因素和社会、心理因素，老年人的生理疾病，如高血压、冠心病、糖尿病等都可能继发抑郁症；也有一定的遗传因素，其家族成员有患此病的，他的发病率也高。抑郁症也和老年期的各种丧失有关系，包括工作丧失、收入减少、亲友离世、人际交往的缺乏等。无法适用角色的转变，缺乏人际间的情感支持等都是导致老年抑郁的常见病因。

（2）性格

性格是指在生活过程中个人形成的对现实的稳固态度以及与之相适应的习惯了的行为方式。性格就是一个人如何对待自己和立身处世的心理特点的总和。人到老年，性格可能会发生很大变化。例如，有些老人会变得固执、刻板、退缩、墨守成规，对人或事产生明显的偏激，也不听从任何劝说；有些老人会变得自私，出现以自我为中心的倾向，对周围亲友淡漠，不在体贴关心别人，甚至要求别人服从他，按他的需要行事；还有些老人变得好猜忌、多疑，总怕儿女算计自己，对周围人也不信任。有人将我国老年人的性格划分了以下6种类型：

①奋进型。这类老人有自己的宏图大略、奋进目标，而且具有一定的专业特长。虽然退休了，他们仍会继续从事自己原来的专业活动。他们经常会觉得自己年事已高，时间更加宝贵，珍惜时间，努力工作。

②悠闲型。这类老人一般在离、退休之后会优哉游哉地享受生活，闲来无事会养鱼遛鸟、养花养草。我们也会经常在路口旁发现三五成群的老年人在一起下棋。

③慈祥型。这类老人胸襟开阔，性格开朗，性情和顺。他们对人感情真挚，乐于助人。一般这样的老年人善于调节和控制自己的情绪，不为小事计较，有良好的心情。由于态度和蔼，他们容易让人亲近，交往甚多，精神生活比较充实。

④拘谨型。他们谨小慎微，过于拘谨，交往范围狭窄，有孤独感、寂寞感。

⑤麻木型。似乎可以用"看破红尘"来形容这类老人。他们对社会、对人对物都不会有

太大反应，比较冷漠、自闭。

⑥偏执型。这类老人习惯以固定乃至僵化的思维模式去思考问题；为人处世比较偏激；听不进其他意见。人们也不易接近这类老人，因此他们也容易产生孤独感，难以适应经常变化的生活。

要注意的是以上6种类型只是我国老年人常见的性格类型，但不是所有的，而且有的老年人会同时有几种性格特征。

3.1.4　老年社会心理的变化和特点

老年人的认知、情绪与情感、性格等方面的变化都是因为年龄的增长、生理上的变化引起的心理上的变化。而这里将要介绍的几点老化更多是由于社会和生活因素的变化引起的。

（1）人格

人格是构成一个人的思想、情感及行为的特有模式，这个独特模式包含了一个人区别于他人的稳定而统一的心理品质。人格是在先天的遗传因素和后天的环境、教育等因素的影响下形成的，具有独特性。同时人格也具有稳定性，一般情况下，一个人的人格是不容易改变的。

埃里克森把人格发展划分为8个阶段，并分别阐述各个阶段的人格特征。他假设，如果早期阶段的人生危机没有得到解决，就会在后面的人生阶段出现心理、社会功能方面的问题。

①基本信任对基本不信任，这个阶段从出生持续到一周岁。如果这一阶段的危机成功地得到解决，就会形成希望的美德；如果危机没有得到成功解决，就会形成惧怕。

②自主性对羞怯和疑虑，这一阶段发生在出生第一年后至第三年。如果这一阶段的危机成功地得到解决，就会形成自我控制和意志力的美德；否则就会形成自我疑惑。

③主动性对内疚，这个阶段发生在第四年至第六年左右。如果这个阶段的危机成功得到解决，就会形成方向和目的的美德；否则就会形成自卑感。

④勤奋对自卑，这个阶段从出生后第六年到第十一年间。如果这一阶段的危机成功地得到解决，就会形成能力的美德；否则就会形成无能。

⑤同一性对角色混乱，这个阶段发生在12～20岁左右。如果这一阶段的危机成功地得到解决，就会形成忠诚的美德；否则就会形成不确定性。

⑥亲密对孤立，这个阶段发生在成年早期，持续时间约20～24岁左右。如果这一阶段的危机成功地得到解决，就会形成爱的美德；否则就会形成混乱的两性关系。

⑦繁殖对停滞，这个阶段发生在人生的25～65岁左右，称为成年中期。如果这一阶段的危机成功地得到解决，就会形成关心的美德；否则就会形成自私自利。

⑧自我完整对失望，这个阶段发生在65岁到死亡的这段时间里，称为成年晚期。在这一阶段，个人必须学会接受生活中所发生的一切，并得出对自己生命意义的理解。又是这一过程包括处理未了的事情，挽回尚能改变的东西，而有时则意味着让无可挽回的东西随它去吧。如果这一阶段的危机得到成功地解决，就形成智慧的美德；否则就会形成失望

和毫无意义感。

老年人经常会遇到诸如失业、疾病、丧偶、死亡等压力。人格是老年人心理方面一个重要元素，它影响人们如何应对压力。迪特里克在他的书中转述了拉扎勒斯和科恩的观点，老年人应对压力的好坏取决于 4 个因素：第一，对某种情形的"认知评价"。即老年人是否觉得某个情形成了压力。有些老年人专门会为一些不起眼的事情担心，有些老年人只有遇到危及生命的事情才让他们焦急。第二，主观上乐于接受还是不乐于接受压力事件。例如，一个老年人长期膝盖疼痛，他可能会认为虽然是个不舒服的康复过程，但之后会出现积极的结果；但有的老年人就会认为手术比疼痛本身更加可怕，就能以应对调整适应的情况。老人如果有伴侣或家人、朋友的支持，在处理压力的时候会更好一些。第四，主观感觉对压力能掌控多少。

（2）人际关系

人际关系是人与人在交往过程中形成的心理关系，特别是这种心理关系的亲密性、融洽性和协调性的程度。人际关系对老年人很重要，它会影响老年人的心理健康。老年人的一些心理问题，几乎都与人际关系有关，如孤独、抑郁等。老年人的人际关系有一些共同的特点：第一，人际关系的结构比较稳定。老年人有几十年的社会交往，结交了广泛的人际关系，维持至今，无论亲疏远近，都相对稳定，不会发生大的变化。第二，人际关系的内容比较深刻。第三，人际关系的范围有缩小。碍于老年人生活范围和行动不便的限制，这时已不像年轻时那样结交广泛，只有一些挚友会经常保持联系。

在人际关系上，总体上说老年人比较梳理，这与老年人性格中一些消极的特点有关，他们缺乏人际吸引力。这些阻碍吸引力的特征有：自我中心，自私自利；不尊重他人的人格，不关心他人的情绪；对人不真诚，只顾自己；对别人过于服从谄媚；嫉妒心强，好胜心强；对人猜疑、敌对、偏激；过于自卑，缺乏自信，骄矜自负，好高骛远；性情孤僻，不喜与人交往；固执，不愿接受别人的劝告。

老年人在人际关系方面存在的障碍有夫妻冲突、代际关系障碍、隔代亲、同事关系冷淡。在这里面比较特殊的是亲子关系和隔代亲的问题，之前"老年十拗"中就提到老年人"儿子不惜惜孙子"这一特点。老年人对自己的子女，通常都比较严格，经常教育自己的子女努力上进，艰苦朴素，对子女的错误批评起来毫不留情。可是对隔代的孙子女、外孙子女，却总是疼爱有加，不少老年人甚至到了溺爱的程度。而同时，老年人与子女的"代沟"似乎也越来越深，两代人的价值观上产生了很大的差异。婆媳关系也算是代际关系的一种，似乎在中国几千年的社会里深深扎根，坏婆婆与恶媳妇的形象也深入人心。在处理家庭内部的人际关系上，老年人也应该多加注意，对晚辈多加忍让，如有不同意见，可以相互沟通；对于孙子辈则不能过度溺爱，要爱之有度。而子女、媳妇、女婿也要尊敬长辈，尝试与长辈沟通，尤其是在孙辈教育上也要和父母多加沟通。

（3）自我意识

自我意识，是自己对自己的看法，表现在自我认知、自我体验和自我控制方面。认识的对象包括物质的自我、社会的自我和心理的自我。老年人有什么样的自我意识，就有什么样的生活态度。当老年人出现了"我老了"的意识，那么他的态度和行为也都会出现老了的特点，失去生活的积极性，对未来不抱希望等。

老年的自我意识在物质的自我方面的表现是，对自己的身体、外貌、衣着、风度、家属、所有物等的认识感到自卑或自豪，在自我控制方面就会出现追求身体的外部、物质欲望的满足，维护家庭利益等。在社会自我方面，对自己在群体中的名誉、地位、自己拥有的亲友即经济条件等的认识，产生成功感和失败感，自我控制方面就会出现追求名誉地位，与他人竞争，争取得到他人的好感。在心理自我方面，对自己的智力、性格、气质、兴趣等特点的认识，产生内疚感和羞耻感，自我控制上会追求信仰，注意行为符合社会规范，要求智慧与能力的发展。

老年人的自我意识容易在自我认识、自我体验和自我调控等方面出现障碍，出现自我扩大、过度自责、自我厌恶和自我失控等心理障碍，以及自我完善障碍等。老年人应该正确认识自己，准确地把握自己是一个怎样的人。自我扩大者总是夸夸其谈，自我吹嘘，盲目地夸大了自己的能力和成绩。自我扩大的老年人往往过分地自我中心、自我关心和自夸自尊，对自己的学识和才能总是夸大其谈，喜欢受到关注和别人的欣赏。而过度自责则是老年人否定自己的一切，认为自己一无是处、无所作为，过度自责在严重时就有可能自残或者自杀。过度自责与自我扩大都与个体的情绪障碍紧密相关。自我扩大是情绪反常高涨的结果，过度自责是由于情绪反常地消极、低沉和沮丧的结果，这些都使思维的指向性和逻辑进程受到干扰，做出错误的判断和推理。自我厌恶是在认识自我之后，发现自己有这样的错误和缺点，从而对自己产生厌恶的情绪。自我厌恶包括自我烦恼、自我悲观、自我讨厌、自我憎恨和自我绝望等，通常这样的老年人会对自己的前途失去信心，对自己的言行严重不满。在通常情况下，本我、自我和超我处于平衡状态，一旦平衡遭遇破坏，超我无法控制本我，在现实中表现出来的自我便失去控制而乱了套，肆无忌惮，为所欲为，这就是自我失控，严重时还有可能演变为精神病。人的一生就是不断社会化的过程，进入老年期，老年人还有继续社会化和再社会化，而拒绝再社会化的老人则出现自我完善障碍。例如退休的老年人不去适应新的生活，反而希望生活停下来适应他，这就是自我完善障碍。对于老年人来说，自我完善的最佳途径是学习和创作，"活到老，学到老"。

以上就是老年人在认知、情绪与情感、性格和社会心理方面的变化和特点。在心理老化的过程中，老年人个人和社会都起了很大的促进作用。而老年人一些负面情绪，如孤独、自卑、抑郁等都与老年人生活的环境和社会的总体价值系统有很大的关系。因此，我们的社会应该营造出一个尊老、爱老氛围，使老年人在身体老化的过程中能够感受到来自他人的爱。

3.2　基于老年人心理特性的无障碍设计原则

（1）创造积极的社会氛围

社会创造出一种积极的氛围，而不是消极的去解决有形障碍。要根据障碍者个体需求和身体条件，开展不同类别、不同层次、不同科目的实用技术培训，让残疾人掌握一技之长，提高职业技能水平和生存发展能力，成为自食其力的劳动者和社会财富的创造者。同时，相关部门可以通过举办专题培训班、网上在线交流等各种形式，积极倡导树立平等、参与、共享的新障碍人生观，全面提升障碍者公民道德素质，引导广大障碍者树立正确的世界观、人生观、价值观。鼓励障碍者克服身体障碍，积极参加科技文化知识的学习，引导障碍者增强学文化、学知识的自觉性，进一步提高自身综合素质和能力。对于重度障碍者，要充分发挥残联等相关单位作用，为障碍者提供整理卫生、康复训练指导、法律咨询和援助等上门服务，同时着重开展心理咨询、疏导以及健康教育服务，用人文关怀滋养精神、用心理疏导融通情感，充分调动残疾人朋友及其家属的积极性、主动性、创造性，引导他们从社会管理的被动者转变为主动参与者，认清人生的意义，主动融入家庭和社会。

（2）被平等对待

被平等对待既不是怜悯，也不是蔑视，而是受到平等对待。社会应不断缩小老年人生活状况与社会平均水平的差距，促进老年人平等参与社会生活，使他们在共享社会发展进步成果的同时，切实感受到来自社会的温暖。显然，老年人如果没有得到适当的康复治疗，可能会愈加恶化。如果他因障碍在工作场所受到歧视或是根本得不到工作机会，他就只能依赖别人并感觉更加孤独无助。如果学校没有考虑到他的特殊处境，他就会发现自己被拒于校门之外，如果不经适当疏导，他的残疾就会加重。如果社会的文化和体育活动只是为那些不包括他在内的人安排的，他就会被排除在文化和体育活动之外。如果交通工具、人行道和建筑物没有考虑到像他这样的人的特殊需要，他就不可能自由地活动。

所以，障碍问题并不仅仅是一个预防和康复的问题，而更重要的是一个社会对老年人的歧视和老年人与社会严重隔离的问题。因此，为了解决障碍的根本在于消除歧视，使残疾人回归社会，共享社会发展的文明成果，其中最根本的一点就是要切实保障老年人的社会平等权，这就要求必须做到以下两点：①承认老年人享有同正常人一样的权利。即承认老年人像正常人一样，也有权与正常人生活在一起，有权像正常人一样生活；②有义务采取必要措施，以便使老年人能与其他人平等地有效行使所有人权。因为对于基本权利的承认，有可能只是提供了行使这些权利的一种形式上的机会，而并非是实际上的机会，也就是弱势群体会因为各种障碍而无法实际行使法律所赋予的权利，这就需要社会为其提供特定的服务，以便使老年人能真正与健全人一样享有权利，承担义务。

（3）受到尊重

人在社会环境中的心理表现主要有两类，一是内心活动；二是行为活动。内心活动是人在公共环境中通过听、看、摸、闻所产生的各种感觉的体验，它可演变为满意、厌恶、愉悦、愤慨等心理因素，美好的空间环境使人们的情感得以升华，唤起人们更多的爱心，更多的愉悦。老年人作为一个身体特殊的群体，他们从生活点滴中得到的心理感受比健全人更加敏锐。就像无障碍设施，当老年人走在上面，势必感觉到社会对自己是认可和关心的，他得到的是一种被尊重的体验，这种体验比千言万语都要来得重要和必要，因为它治愈的是老年人的心疾，唤醒的是他们的自尊和自信。随着社会的发展，人们的生活日益丰富多彩，每个人都渴望尝试新的生活方式，同时人们的活动范围日益扩大，老年人也不例外，他们也梦想着同健全人一样享受好的、便利的生活。社会各方面在为健全人提供各类服务设施和营造良好的服务环境时，也必须把针对老年人需求的服务纳入进来。在用心对老年人的行为方式与心理状况、活动特性加以研究的基础上，设计出适合老年人的各种服务设施，用物的功能充分体现对老年人的尊重和关心。

（4）避免产生受挫感

国外有过残疾人社区，初衷是为了方便老年人使用，所有设施设备都为老年人所设计，想当然地认为障碍者会在此生活得非常方便、舒适。在中国无障碍设施还没发展成熟的今天来说，也许会有人愿意住进这样的"笼子"，那是因为他们的生活实在是毫无方便可言，可达、自理就是他们的唯一愿望。而在无障碍通行达到一定水平的地方，老年人追寻的却是另一种精神上的无障碍，他们渴求平等，不愿被孤立，想要融入大众社会，享有和正常人一样的生活模式。还有一个例子，专为轮椅使用者提供了座位空间的公交车居然受到了老年人的不满。精心设计的上车坡道板，内部空间得不到认可，其原因是设计者忽略了他们服务对象的心理感受，设想他们使用了这样的空间就是处在一个特殊的位置，等于向其他人宣布自己是残疾的，基于他们的心理特点，可得知这样的处境是很难被接受的。所以，无障碍设计除了要做到通行上的畅通无阻外，更应该关心特殊人群的心理感受，避免他们产生孤立感和受挫感。

（5）提供隐私保护及安全感

一部分老年人需要靠轮椅来进行身体的移动，轮椅就不单单只是一个出行的工具，而成为他们生活的一部分。轮椅又有电动与手动之分，在国外，价格不菲的电动轮椅的销量远远超出手动轮椅。有些正常人也会因为电动轮椅的方便而使用它，既然有正常人使用，老年人使用就不会被视为异类，不会被他人轻易地知道自己的残疾身份。他们需要一种安全感，需要不轻易被揭露隐私的设施。考虑到老年人脆弱的心理承受能力，更应该在无障碍设计中体现保护其隐私，不露痕迹地给其以安全感，让他们放心、舒服地使用。

这几点无疑准确无误地表述了在无障碍设计中应重视老年人心理、情感上的考虑。使"人—产品—环境"三者间的关系更加和谐、人性化。无障碍的社会环境，使障碍者走出家门，参与社会活动的基本条件，同时也方便了老年人、妇女儿童和其他社会成员。它直接影响着一个城市的形象与一个国家的国际形象。无障碍环境建设与否、建设好坏，是社会进步的重要标志，对提高人的素质，培养全民公共道德意识，推动和谐社会的建设等都具有重要的社会意义，作为一名合格的公民，我们都应当时刻想到自己周围的弱势群体的朋友们，投入更大的力量为无障碍设计的建设之路铺砖加瓦。

3.3　基于老年人心理特性的无障碍设计研究

3.3.1　基于老年人敏感心理的无障碍设计研究

由于老年人在行动上存在一定的障碍，例如行动缓慢、平衡力下降等，室外活动的时间会相对减少，室内活动的时间增多。这些变化会在其心理上产生更大的压力以及不稳定情绪，他们在心理上更为敏感，非常害怕受到他人的歧视，更加渴望他人的尊重，独立自主的愿望更加强烈，所以他们更期望有一个身心愉悦的环境。室内环境是以各种装饰材料、室内设施等经过设计而构成的，占据相应的空间，为了提供人们生活的基本条件，并与之视听及触觉和行为模式紧密相关。

要根本上避免老年人的敏感心理特性，宜使用通用设计。因为单独的无障碍设计可能在一定程度上再一次把他们与普通主流人群区分开来，强化和夸大了他们在某些方面的能力不足，突出了他们在某个方面的残疾和衰弱，将他们视作整个社会的弱者或者令人同情的对象。这从客观上对他们产生了社会性的歧视，在心理上给他们造成很大的压力，所以很多老年人拒绝使用对他们来说很有帮助的产品或设施。而通用设计以更开阔的视野来把握人类的需求，除了身体存在缺陷的弱者，正常人的能力也会随着年龄、体能以及周围环境的改变而发生变化，能力和残疾只是一个相对的概念。任何人的能力和需求都是一个动态的、复杂的、多样性的系统。比如，在光线不好的环境下，具有正常视力的人识别物体能力下降，这从某个意义上就等同于视力障碍者；在一个高噪声环境中，人们的交流变得极其困难，这就等同于聋哑人平时所处的境地。因此，从某个意义上来说，任何一个人，都有可能在某个特定的时段或者环境中成为不健全的人，如行动不便、感觉迟钝、生理机能下降等。所以建筑设施设计的坡道入口，不仅适应于坐轮椅的人，也适合于拖着行李的人群。通用设计为不同的使用群体提供了同等的使用机会和权利，为他们提供了同等的使用功能，模糊了特殊群体与主流群体之间的界限，不是突出了不同使用者之间的差异，反而力求缩小差异，加大使用者之间的模糊性，从而给特殊群体真正的人性化关怀。

3.3.2　基于老年人孤僻心理的无障碍设计研究

老年人由于心理的自卑、孤独，其实需要更多的和人交往的空间，因此室内的空间布局上可以少一些硬质的隔断，更多采用和形成一些开阔的、采光好的空间。老年人的卧室宜设计在阳光充足的阳面，日照对老年人的身心健康有极大的益处：这是因为首先障碍人士由于运动较少，身体机能下降，抵抗病毒细菌的能力减弱，充足的阳光可以起杀菌与净化空气的作用，满足室内卫生保健需要，其次有研究表明阳光能刺激大脑释放出大量能产生愉快感的化学物质，调节人的情绪，使精神振奋、心情舒畅，变得积极而充满活力，这些情绪对于老年人的康复极为重要。同时，老年人行动不便，室内设计时要加以充分考虑，特别是楼梯、过道、阳台与卫生间的设计，要减少地面高低落差的设计形式，过道地面尽量用防滑材料，墙面不用玻璃等易碎的材料，卫生间多增加扶手设施，便于老年人活动。另外，色彩对人情绪的影响很大，因此，在选择家具及装修色彩时，不要用灰黑色调，而要选择暖色、鲜艳的颜色，如橙色、黄色、绿色、蓝色等，这样能给人以愉快的感觉。家具则最好选择原木色，窗帘、布艺沙发也选择浅色系。

3.3.3　基于老年人安全感缺失的无障碍设计研究

安全感是来自心理学的范畴，是人类的心理环境。泛泛而谈安全感的话，它可以涉及许多方面。当然从字面上我们至少可以理解其为一种感觉，也就是人们心理中所产生的一种感觉。人类的感觉很敏感，同时也是多方面的，那么安全感对于人们来说可以是最为重要的。因为我们不论做什么，都要保持我们的安全，或者说要获得心灵上的安全。环境行为学研究指出："人类的领域行为有四点作用，即安全、相互刺激、自我认同与有管辖范围。"环境艺术设计的最终目的是为人们的生活营造一个更加适应的生存环境并达到人们的审美要求。我们可以看出环境行为学中强调了安全感的相关条件，一个空间的界定选择对于安全感的产生有着直接的作用。我们每个人都有属于自己的隐形的私人空间，在这个空间中包含一个底线值，当跨越这个极限人就会感觉不舒服。这个模糊的界限，起着一个保护我们自身的重要作用，一旦被贸然侵犯，我们就会明显的感觉不安全。所以，我们在设计时要全方位考虑人的视觉、听觉、嗅觉、触觉的感受，以此满足人们心中的安全感。

（1）视觉影响安全感

色彩刺眼会使人感到心慌，产生不安全的心理反应。色彩的明暗、冷暖都会对人的心理环境产生影响，在一个特定环境里暗的颜色可能会给人的心理产生不确定性，使人不愿意去接近，从而避免不安全的因素产生。在环境的设计中应注意对颜色的搭配，不同的搭配同样会产生不一样的效果。如黑与黄的搭配就是安全的标志，红色的鲜明特征除了代表激情、热烈的情绪外，还存在刺激、不可超越的感觉。

（2）触觉影响安全感

不同的材料有不同的质感，每一种材质对人都会产生不同的心理感受。材料分为天然的与人工的，一般情况下，天然的材料更容易得到人们心中的认同感，也就是说天然材料给人的心理感受安全感较高。

（3）光和影对安全感的影响

光的特殊性质决定了对于光的设计可以产生制造空间、隔离空间的效果。光和影是相辅相成的两个视觉载体，两者的合理应用可以构造出特殊的空间效果。安藤忠雄认为："光和影能给静止的空间增加动感，给无机的墙面以色彩，能赋予材料的质感更动人的表情。"对于光的运用可以对环境设计加以辅助，创造出更加赋予创造性的氛围及效果，当然对于光的不合理运用，也可能出现炫光等，这些对人的心理环境会产生不好的影响。例如，通过光线的合理运用，改变了环境给人视觉带来的感觉，一条望不到头的长廊总会给人带来不安全的因素，因此在做设计时应尽量避免这种形式的产生，考虑好整个环境空间中的采光和光照条件，以及更好地利用光影，给使用的人带来心理上的舒适度和安全感。

（4）空间范畴中安全感的影响

适度的空间尺度给人以安全感，如果空间尺度超过了可感知的安全范围，人就会感到孤独和不安全。这就是在广场这样的大环境中，我们会发现人们喜欢靠边坐的原因。围合空间能给人以安全感，然而从环境设计分析，掌握好空间尺度很重要，因为尺度过大易产生焦虑情绪，尺度过小又容易压抑。当人们围坐在一起很容易形成一个封闭的小空间，以此与其他人区分开。形成自己的小圈子，从而对自己的空间范围容易掌握，产生安全感。芦原义信在《外部空间设计》中指出：人眼以大约 60° 顶角为圆锥的视野范围，熟视时成为 1° 的圆锥。那么向前方看时，如果按 2∶1 比例看上部，即成为 40° 仰角。当 $D/H = 1$ 时，高度与间距之间有某种匀称存在，而 $D/H < 1$ 时则有紧迫感。

本章小结

　　本章主要是老年人的心理特性研究，具体研究内容包括：采用调查问卷对我国老年人的心理需求现状进行调查研究；对老年人常见的心理特性进行分类；论述了老年人的心理发展过程。以上研究内容及其结论为课题研究提供理论依据。

　　针对老年人特殊的心理特性，无障碍设计的对策有2个方面：一方面是通过有形的物质技术和设计方法，来补偿其在生活中的不便和营造出适合的空间氛围；另一方面是通过提倡社会创造出一种氛围，这种氛围能够令老年人积极地面对生活，例如残运会、残疾人表演(千手观音)，找到一种途径和方法，使老年人通过自身努力在某些方面做到比常人更好，使老年人可以真正战胜自卑，大众也会转而发自内心尊重他们。

第4章 老年人的行为特征与无障碍设计

老年人由于疾病或伤害造成四肢残缺、麻痹(瘫痪)、畸形等而致人体运动功能不同程度的丧失以及活动受限,其动作和行为与常人相比具有差异,而这些差异根据个体的障碍部位和程度的不同呈现规律性。

本章旨在运用现场跟踪观察法、访谈法和行为模拟法对老年人的行为特性进行分析研究,为老年人的无障碍设计提供理论依据。

4.1 行为与行为特性

4.1.1 概念

(1)行为

常怀生教授在《行为环境心理学与室内设计》中对"行为"作的定义是,"为了满足一定的目的和欲望,而采取的过渡行为状态",借助这种状态的推移可以看到行为的进展。李道增教授在《环境行为学概论》中是这样定义的:人的行为是出于对某种刺激的反应,而刺激可能是机体自身产生的,如动机(motivation)、需要与内驱力(drives)、也可能只来自外部环境。

(2)行为与环境

行为不是孤立存在的,人与环境相互作用,环境是行为模式不可分割的部分,行为受环境的制约。本论文侧重研究老年人在建筑室内环境中的行为特性。

(3)行为特性

社会学是这样定义:行为特性是人类在生活中表现出来的生活态度及具体的生活方式,它是在一定的物质条件下,不同的个人或群体,在社会文化制度、个人价值观念的影响下,在生活中表现出来的基本特征,或对内外环境因素刺激所做出的能动反应。

人的行为可分为外显和内在行为。外显行为是可以被他人直接观察到的行为,如言谈举止;而内在行为则是不能被他人直接观察到的行为,如意识、思维活动等,即通常所说的心理活动。一般情况下,可以通过观察人的外显行为,进一步推测其内在行为。一般来说,人的行为由5个基本要素构成,即行为主体、行为客体、行为环境、行为手段和行为结果。

(4)环境行为学

环境行为学又称环境心理学。环境心理学是心理学的一部分,它把人类的行为(包括经验、行动)与其相应的环境(包括物质的、社会的和文化的)两者之间的相互关系与相互作用结合起来加以分析。

环境行为学注重环境与人的外显行为(overt action)之间的关系与相互作用，运用心理学的一些基本理论、方法与概念来研究人在城市与建筑中的活动及人对这些环境的反应，由此反馈到城市规划与建筑设计中去，以改善人类生存的环境。

4.1.2 研究现状

环境行为学作为心理学的一部分在 20 世纪 60 年代兴起而心理学已有 100 多年的历史。1860 年，费希纳的心理物理学研究人的不同"感觉"与产生它的"物理刺激"两者之间的关系，由此发展成实验心理学。心理物理学为物质世界与人类感知经验间架起了桥梁，为人类科学(human science)的研究提供了起点，是"精神"与"物质"世界之间的联系。环境心理学根植于心理学的一些基本理论，但重点研究的对象是人的行为与城市、建筑、环境之间的关系与相互作用。

环境心理学在世界范围内的发展于 20 世纪 70 年代形成高潮。美国从 1969 年开始出版《Environment and Behavior》(环境与行为)期刊；1970 年，环境设计研究学会(EDRA)出版了第一本年会会议录；1973～1978 年，共出版了 10 本教科书、6 种读物、30 本专著；1978 年，"环境心理学"编入了沃尔曼(Wolman)大百科全书的词条；同年美国心理学会成立了第 34 个分部"人口与环境心理学分部"，它的期刊为《人口与环境》。此外，国际应用心理学协会(IAAP)也成立了"环境心理学"分部以及"研究物质环境中的人类"国际学会(IAPS)，在亚洲，日本于 1980 年在东京组织过日美学者参加的"人类行为"的学术讨论会。

李道增教授在《环境行为学概论》中阐述了由于人的行为具有领域性，将人的领域行为进行空间层次的 3 个分类：微观空间行为、中观空间行为和宏观空间行为；在书中还提到了活动模式和认知模式。这些为本论文的行为特性研究作了清晰的界定。

4.1.3 研究方法

(1)观察法

观察法是指研究者根据一定的研究目的、研究提纲或观察表，用自己的感官和辅助工具去直接观察被研究对象，从而获得资料的一种方法。科学的观察具有目的性和计划性、系统性和可重复性。常见的观察方法有：核对清单法；级别量表法；记叙性描述。观察一般利用眼睛、耳朵等感觉器官去感知观察对象。由于人的感觉器官具有一定的局限性，观察者往往要借助各种现代化的仪器和手段，如照相机、录音机、显微录像机等来辅助观察。

(2)测量法

测量法是指用一套预先经过标准化问题(量表)来测验某种心理品质的方法。通过测验，可以为进一步的诊断、评价、甄选和有效的实践与指导提供依据。

①心理测验按内容可分为智力测验、成就测验、态度测验和人格测验。

②按形式可分为文字测验和非文字测验。

③按测验规模可分为个别测验和团体测验等。

（3）实验法

实验法是人们从事科学研究的一种方法，是指在控制条件下对某种心理现象进行观察的一种研究方法。实验法又可以分为实验室实验法和自然实验法。

4.2　个体行为观察调查

在大量查阅相关研究资料的基础上，通过观察法对受试者进行研究。

4.2.1　下肢障碍独立乘坐轮椅老年人的行为特性

4.2.1.1　轮椅的种类、规格与构造

（1）种类与规格

种类与规格由 4 种要素组成，第一要素为身体支持部位：座面、靠背、扶手（臂架）、脚架及其他附件。第二要素为驱动部分：手动轮椅为扶轮及刹车，电动轮椅为电动马达、减速器、电池及刹车。第三要素为车轮、驱动轴（大车轮）及脚轮。第四要素为将以上要素结合在一起的框架。

轮椅的分类：日本以驱动方式或手动轮椅的外形及用途而分类（表 4-1），以残疾人福利法为基础的分类（表 4-2）。脊髓损伤者处方轮椅多为手动后轮的驱动式轮椅，即所谓的普通型轮椅（以下称轮椅），然而四肢瘫者需要电动轮椅。商业上分为标准规格制品与定做制品。自己行驶的后轮驱动式折叠式轮椅与成人电动轮椅现在多采取国际标准化机构（ISO）的统一标准规格。

表 4-1　轮椅按驱动方式及外观用途的分类

手动轮椅							电动轮椅						
自行用				协助用				自己操控					协助用		
标准型	座位变换型	运动型	特殊型	标准型	座位变换型	浴用型	特殊型	标准型	控制操纵型	座位变换型	简易型	特殊型	标准型	简易型	特殊型

表 4-2　残疾人轮椅分类(日本残疾人福利法)

	名称	基本构造
轮　椅	普通式	折叠式大车轮在后方
	可折式(普通型)	可改变靠背高度,其他同普通型
	手动提升式(普通型)	可改变座位高度,其他同普通型
	前方大车轮型	折叠式,仅前方为大车轮
	可折式前方大车轮型	可改变靠背,其他同前方大车轮型
	单手驱动型	折叠式,单侧装两个摇轮,可用于偏瘫
	可折式单手驱动型	可改变靠背角度,其他同单手驱动型
	手动链条型	单侧操舵,单侧上肢驱动链条,三轮或四轮
	可折式手动链条型	可改变靠背角度,其他同手动链条型
	手推型	原则上由协助者推、驱(折叠式、非可折叠式) A:有大车轮　B:仅小车轮
	可折式手推型	可改变靠背角度,其他同手推型,与 A 一样
电动轮椅	普通型(4.5km/h)	
	普通型(6km/h)	JIS T9203～1987
	可折式普通型	可改变靠背角度,其他同普通型
	电动可折式普通型	电动、可改变靠背角度,其他同普通型
	电动提升式普通型	电动并可改变坐高,其他同普通型

(2)构造

脊髓损伤者轮椅处方的代表是手动轮椅,其构造与各部名称(图 4-1),普通型电动轮椅各部的名称(图 4-2)。构造依瘫痪水平及使用目的有所区别。

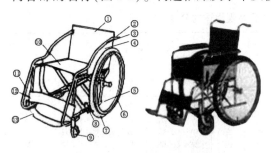

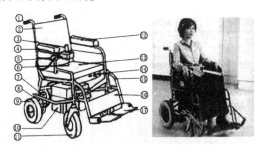

图 4-1　脊髓损伤者用手动轮椅

①后背;②座;③扶手;④挡板;⑤脚架;⑥腿靠带;⑦带式脚踏板;⑧闸;⑨驱动轮;⑩扶手轮;⑪前轮;⑫握把;⑬竖杆

图 4-2　电动轮椅的构造及各部名称

①握把;②靠背;③操作杆;④电源开关;⑤操作盒;⑥电池仪表;⑦电动机;⑧离合杆;⑨驱动轮;⑩电池;⑪前轮;⑫扶手;⑬座;⑭充电器;⑮脚踏板支架;⑯腿靠带

4.2.1.2 人坐轮椅时的身体尺寸

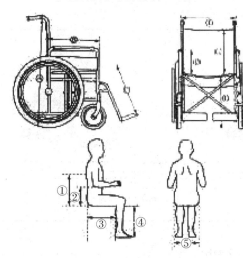

全高：①＋④－12cm 有时也以协助者的身高作为参考；

座长：③－3～4cm；

到脚踏板的高度：④的长度；

扶手高：②＋垫高；

座高（地面到座面高度）：座面的角度与小腿长度；

座宽：⑤＋4～5cm；

靠背高：座面至肩胛骨下端的长度；

图4-3 轮椅尺寸与身体测量部位

4.2.1.3 坐轮椅者的典型行为特性

（1）坐轮椅者平地行进的行为特性

表4-3 坐轮椅者平地行进的行为特性

（图片来源：作者绘制）

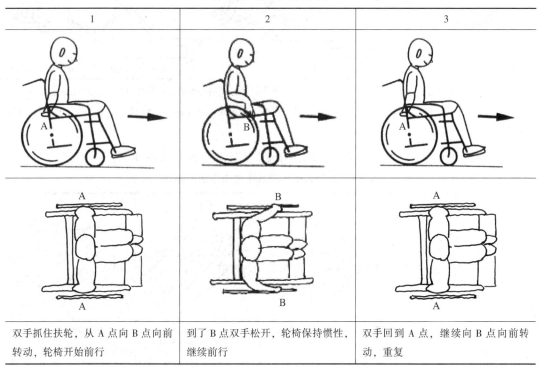

1	2	3
双手抓住扶轮，从A点向B点向前转动，轮椅开始前行	到了B点双手松开，轮椅保持惯性，继续前行	双手回到A点，继续向B点向前转动，重复

（2）坐轮椅者使用轮椅越过一层台阶的行为特性

表4-4　A 类型 – 上台阶

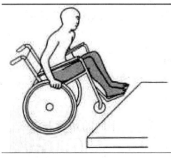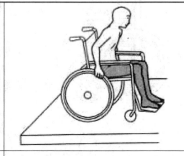

1. 握住轮圈，前轮仰起，仅用后轮使轮椅前进	2. 前轮落在台阶上	3. 前进使得后轮也上台阶

表4-5　B 类型 – 下台阶

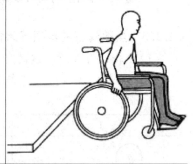

1. 仰起前轮前进	2. 前轮落在台阶上	3. 轮椅继续前进，后轮接着落下

注意：台阶不能太高，不然轮椅很难上去。根据轮椅前轮径和后轮直径的大小，建议台阶高度在150 mm以下。如果台阶多于一级，则坐轮椅者独立上台阶非常困难，需要其他人的帮助，或者需要机械或其他方式（自动升降平台或垂直电梯）。

（3）下肢障碍者（包括坐轮椅者和挂拐杖者）使用浴缸的行为特性

表4-6　利用入浴用椅及平台向浴池内移动

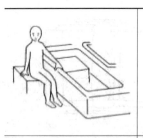

1. 坐在入浴用椅上，一手扶住浴缸边沿	2. 将身体移动到浴缸内的平台上	3. 一只手握住靠墙的抓杆	4. 将身体向下前移动到浴缸中

4.2.2 下肢障碍拄杖老年人的行为特性

4.2.2.1 拐杖的种类、规格与拄杖者人体尺度

主要依靠拐杖，分为单拐和双拐，常见的3种样式如图4-4所示。

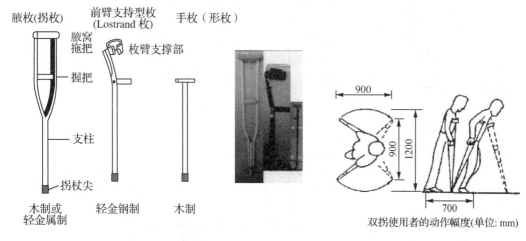

图 4-4 步行协助杖(3种)

(图片来源：作者绘制和在江苏省康复中心拍摄)

图 4-5 拄杖者的人体尺度

(图片来源：无障碍设计)

4.2.2.2 拄杖者的典型行为特性

(1)拄杖者步行的行为特性

保持身体平衡和行走，行动时占用空间较大，弯腰困难，易摔倒，体力较差，上下楼梯困难。拄杖者根据身体情况的不同，经常使用各种手杖或拐杖。使用不同的拐杖，其水平行进尺寸也不同：使用双拐的动作幅度最大，宽幅达1 200mm，前后达900mm，如图4-5所示；使用单拐，则尺寸要稍小。

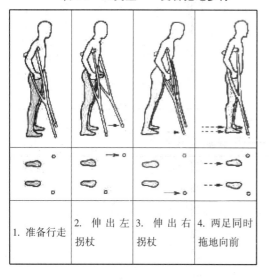

表 4-7 A 类型——交替拖地步行

1. 准备行走	2. 伸出左拐杖	3. 伸出右拐杖	4. 两足同时拖地向前

表 4-8 B 类型——大步幅步行

1. 准备行走	2. 两拐杖同时伸动向前	3. 两足同时晃动向前越过拐杖步伐大	4. 两拐杖同时伸向前

表 4-9   C 类型——同时拖地步行   表 4-10   D 类型——小步幅步行

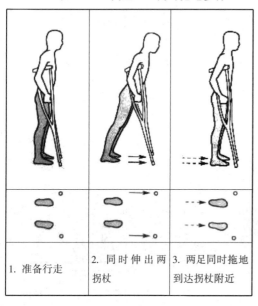 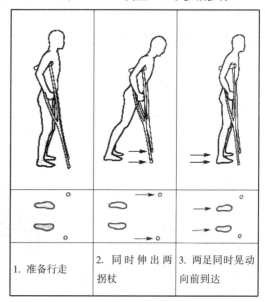

1. 准备行走	2. 同时伸出两拐杖	3. 两足同时拖地到达拐杖附近	1. 准备行走	2. 同时伸出两拐杖	3. 两足同时晃动向前到达

(2)拄杖者上下楼梯的行为特性

表 4-11   A 类型——上楼梯

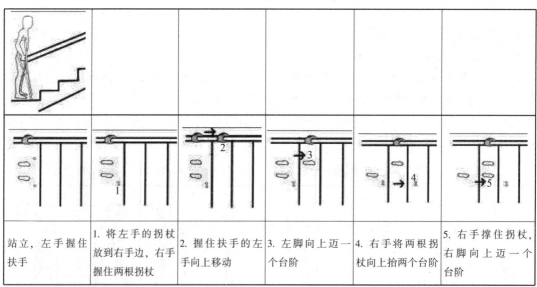

站立,左手握住扶手	1. 将左手的拐杖放到右手边,右手握住两根拐杖	2. 握住扶手的左手向上移动	3. 左脚向上迈一个台阶	4. 右手将两根拐杖向上抬两个台阶	5. 右手撑住拐杖,右脚向上迈一个台阶

表 4-12   B 类型——下楼梯

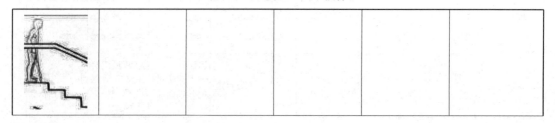

（续）

站立，右手握住扶手	1. 将右手的拐杖放到左手边，左手握住两根拐杖	2. 左手将两根拐杖向下放一个台阶	3. 左脚向下迈一个台阶	4. 左手撑住拐杖，右脚向下迈一个台阶	5. 握住扶手的右手向下移动

4.2.3　老年人心理和行为变化特点

生活规律的变化本身并不严重，但因此而产生的精神不安以及与家人之间产生的摩擦会引起很多问题。因此老年人的心理需求和状态与社会的变迁、家庭结构、社会地位、经济收入等的变化有密切的关系。

（1）安全需求强

由于生理上的老化和器质上的病变，常引起老年人对健康和生存的更加关注和渴望，比过去有更强的安全需求。在某些情况下，如穿越马路时，由于自己的反应和动作迟钝极易产生紧张和恐惧；试听的缺损，给老人阅览、交往、外出、购物、乘车等带来不便，活动受到限制，在心理上感到自己成为累赘、自卑死亡；而疾病又常使老年人心理上容易产生抑郁、烦躁情绪。种种心理都会造成老年人逃避社会交往，变得更加孤独与环境疏离。

（2）对家的依恋

家在此有两层含义，一是家庭本身，二是家的作用。家是生活的主要场所，老年人在家中生活了大半生，对家庭中的一人一事，一桌一椅都产生了特殊的感情。从工作岗位退出后，家是唯一能容纳他和赖以生存的空间，也是每天在其中活动时间最长的场所。因此对家就产生了依赖感、安全感和归属感。对老年人来说拥有自己的家，生活在熟悉的、愉快的环境中是至关重要的事情。家庭中父母与子女等成员之间的关系，直接影响着老人的情绪，家庭的变故也易给老人带来重大的精神刺激和心理障碍。

（3）心理失落感

在社会和家庭中，由于地位角色的变化，易产生失落感、孤独感。对于退休老人，因离开工作岗位，经济收入、社会交往减少，从帮助别人变为被别人照顾；由家庭经济支柱变成从属者；在社会上，由生产主力变为闲置人员；由原来同事每天见面、接触、合作共事，变为很少联系，社会关系生疏，信息量骤减。这种失落感和孤独感是老年人最主要的心理状态。

（4）现实与愿望矛盾

老年人仍有自我实现的需求，但由于自身能力，社会环境条件与个人愿望的矛盾，易产生自卑感和自我主动性差的心理特点。

（5）情感关怀需要

在退休的闲暇生活中，老年人需要清净、安宁的环境，但是又害怕孤独；既希望独居，又需要亲友照顾和精神上的宽慰，与人交往成了一种重要的心理需求和关怀。

老人在生理、心理等方面的这些特点，都会使老年人对环境产生某种特有的影响，同时也影响环境作用于他们的方式。

4.3　基于老年人行为特性的无障碍设计原则

全世界所有人的固有尊严和价值以及平等和不可剥夺的权利，是世界自由与和平的基础。一切人权和基本自由都是普遍、不可分割、相互依存和相互关联的，必须保障老年人不受歧视地充分享有这些权利和自由。残疾是一个演变中的概念，残疾是伤残者和阻碍他们在与其他人平等的基础上充分和切实地参与社会的各种态度和环境障碍相互作用所产生的结果；无障碍的物质、社会、经济和文化环境、医疗卫生和教育以及信息和交流，对残疾人能够充分享有一切人权和基本自由至关重要。

环境和建筑的规划与设计应考虑包括一定范围的老年人的需求，不应因某人由于某种形式或程度的残疾而被剥夺其参与和使用建设环境的权利，或不能与他人平等参与社会活动。对于每一个人，包括广大障碍人群体来说，创造一个安全、方便、舒适的无障碍环境是极其重要的，无障碍设计的根本原则就是实现"人人参与、人人共享、人人平等"的目标。为实现这个目标，我们在无障碍设计中需要考虑无障碍设计原则。

无障碍设计的一些原则由相关规范提供，例如全美残疾人使用无障碍设计标准、我国国内的无障碍设计规范等。为了更好的应用和理解无障碍设计，另有许多学者们相继从无障碍设计的应用角度提出各类原则譬如：梅斯早期研究提出的无障碍三 B 原则和美国堪萨斯州立大学服装设计系提出的通用设计五 A 原则以及台湾的工业产品设计师研究提出的 F－E－A－A－T 原则等。其中，以通用设计中心提出的七原则最具影响力和说服力，该原则包括：①使用的公平性；②弹性的使用方法；③简单容易学会；④多种类感官信息；⑤容错设计；⑥省力设计；⑦适当有效利用的体积与使用空间。

（1）易用性

老年人由于自身的生理、年龄、疾病、特殊状态等原因，动作笨拙缓慢，不能完成精巧细致的动作。无障碍设计需考虑产品和设施操作简单，避免复杂繁琐。

（2）可达性

可达性是空间中所有使用人群都适用的原则。尤其对老年人来说，由于身心机能不健全或者衰退，或感知危险的能力差，而缺乏对空间中的感知和判断力。因此，如果空间缺乏可达性，往往会给他们带来方位判别、预感危险上的困难，随之带来行为上的障碍和不安全。为此，设计上要充分运用视觉、听觉、触觉的手段，给予重复的提示。并通过空间层次和个性创造，以合理的空间序列、形象的特征塑造、鲜明的标识示意以及悦耳的音响提示等，来提高空间的可达性。

（3）独立性

即使是身体存有障碍，老年人也希望能够自理和独立地完成任务。能够独立是获得自尊和平等的基础，无障碍设计要考虑产品和设施给使用者带来独立操作的可行性。

4.4　基于老年人行为特性的无障碍设计研究

4.4.1　下肢障碍独立乘坐轮椅老年人的无障碍设计研究

下肢障碍独立乘坐轮椅者的行为特性主要包括：部分或完全丧失下肢运动机能，行动缓慢，平衡能力弱。导致的障碍主要体现在：身体动作受轮椅的限制较大；手的活动范围受到轮椅限制，在起坐轮椅时需要辅助器具；各项设施的尺度均受轮椅尺寸的限制；轮椅行动快速灵活，但占用空间较大；使用卫生设备时需设置支持物，以利移位和安全稳定。

相对应的无障碍设计主要包括：①高差是轮椅最大的障碍，一般乘轮椅者自己驱动能越过 20 mm 的高差，超过 25 mm 的高差必须借助他人帮助；②轮椅通行的地面应平缓，消除台阶，使用坡道，并以坐轮椅者手臂驱动时的承受力来确定坡度和最大坡长；③地面缝隙会对轮椅产生不利影响。轮椅的前轮宽约 20 mm，并可自由转向，如前轮掉入缝隙中，在无人相助的情况下，乘轮椅者很难将其拉出。因此，人行道路缘、入口、步行天桥、地道、电梯、格栅式沟盖、路面等都要注意避免有碍轮椅通行的高差和缝隙。

4.4.2　下肢障碍拄杖老年人的无障碍设计研究

下肢障碍拄杖者的行为特性主要包括：部分下肢运动机能受损，攀登和跨越动作困难，水平推力差，行动缓慢，不适应常规的运动节奏，行走时躯干晃动幅度较大；单手操作动作过大时，对身体平衡性会产生较大影响。导致的障碍主要体现在：上下楼梯时存在很大障碍；拄双杖者只有坐姿时，才能使用双手；要注意的是使用卫生设备时他们常需要支持物。相对应的无障碍设计主要包括：①拄杖者常常要借助扶手来保持身体平衡，因此要尽可能地设置扶手，尤其在楼梯间、走廊、台阶、卫生间等处；②要求一定的通行宽度和空间，以方便使用助行器者。应特别注意建筑入口、楼梯、走廊、卫生间等处的设计；③尽量消除高差，地面和路面要求平坦、防滑、防绊挂，应注意选择地面的装修材料；④门槛、沟槽等处会卡住拐杖的下端，不合理的楼梯踏步形式、电梯边沟、检查口盖等也都会绊住拐杖头，设计中应认真考虑有关细部形式，避免对使用助行器者的伤害；⑤拄杖者受到"关节活动范围"的限制，在站位与坐位的转换，弯腰和下蹲时都有困难，手臂的可及范围受到限制。因此，便器、洗手盆、家具、开关插座等的高度应满足其身体不易弯腰的特点，操作方法力求简化，且应能单手使用。

4.4.3　上肢障碍老年人的无障碍设计研究

上肢障碍者的行为特性主要包括：部分上肢残疾的操作障碍者使用义肢和辅助器材，改善了上肢操作功能，但仍无法像健全人那样运用自如。其行为特点是不能像健全人一样灵巧地运用上肢进行抓、握、拧等动作。

单上肢障碍者的手的活动范围小于正常人，难以承担各种精巧的动作，持续力差，难以完成双手并用的动作；双上肢障碍者完全丧失上肢(小臂/大臂)运动机能，小臂障碍者的肘部还可以完成手的一部分运动机能，大臂障碍者则丧失上肢的大部分运动机能。

导致的障碍主要体现在：上肢障碍者在行走中没有障碍；单上肢障碍者在日常生活中需用到单手的时候不会遇到障碍，例如吃饭、洗漱、洗澡等行为；但遇到需用双手的时候，则遇到很大障碍，需要用脚代替手，或者借助辅助工具和其他人的帮助。相对应的无障碍设计主要包括：

①减少用手指及全手的操作。用一指取代多指或全手，用臂、肘或脚代替手对设备的操作，例如：用横执式把手代替球形把手，用脚踩式或感应式代替按键式坐便器；②避免繁琐或精巧的操作。普通门锁的锁孔和电源插座都是残手很难使用的，应该进；③避免使用双手的操作。单手障碍者不能使用需双手同时配合才能完成操作的设施。

本章小结

本章是以老年人的行为特性作为主要研究对象，对其研究人群在生活中所涉及的典型行为进行分类，主要研究方法为现场跟踪观察法、访谈法和行为模拟法，将研究结果用图文结合的形式来展现，研究结果如下：

①下肢障碍者无论是单下肢障碍还是双下肢障碍，都可以使用拐杖和轮椅来完成移动和执行任务，拐杖和轮椅由于形态结构功能不同，所以对空间形态和室内设施的要求也不同。

②单上肢障碍者在行走中没有障碍；在日常生活中用到手的时候会产生不便，例如穿衣、洗漱、洗澡等，在不是必须双手操作的行为中，障碍较小；在必须双手操作的行为中，需要借助辅助工具或其他人的帮助。

③双上肢障碍者在行走中没有障碍；在日常生活中用到手的时候会产生无法克服的障碍，例如吃饭、洗漱、洗澡等行为，需要借助辅助工具或其他人的帮助。

第5章 老年人居住空间的室内无障碍设计(对策)

本章综合以上老年人的生理、心理和行为特性的分析,从与老年人生活密切相关的生活居住空间、公共交通空间和公共活动空间这3类空间展开具体研究,然后归纳成空间形态与组织、界面处理、采光与照明、色彩与材质、家具与陈设、设施与绿化这几个室内设计的要点。旨在由局部到整体,从个性到共性地归纳分析,进行深入全面地室内无障碍设计研究。

5.1 老年人住宅

近年来,我国政府对安居住房的建设力度正不断加大,特别是在障碍群体的居住需求上投入大量人力、物力和财力。2010 年起,我国多省份都明确障碍群体保障性住房的量化指标。特别是在障碍群体保障性住房分配方面,实现双优先,暨一个符合保障房条件的障碍群体优先分配保障住房,在选择楼层的时候,障碍群体可以优先选择楼层。

在该背景下,笔者参照障碍群体保障性住房的相关标准和规范,在多省市开展实地调研和考察,提出满足老年人需求和适合他们居住的两种户型室内设计平面方案。以下生活居住空间中各子空间(卫生间、厨房、餐厅、玄关、客厅、书房和卧室)的无障碍设计研究以此为基础展开,进行系统性阐述。

居室平面功能模块:模块布局主要以使用对象老年人的特殊需求和行为特点为依据,如图 5-1 所示,使用者的行为流线是:进门玄关—过道—各功能空间。各功能空间中厨房、卫生间和卧室是必须具备的,餐厅、书房、起居室等可选,在经济紧凑型居室中一些功能空间可以融合。

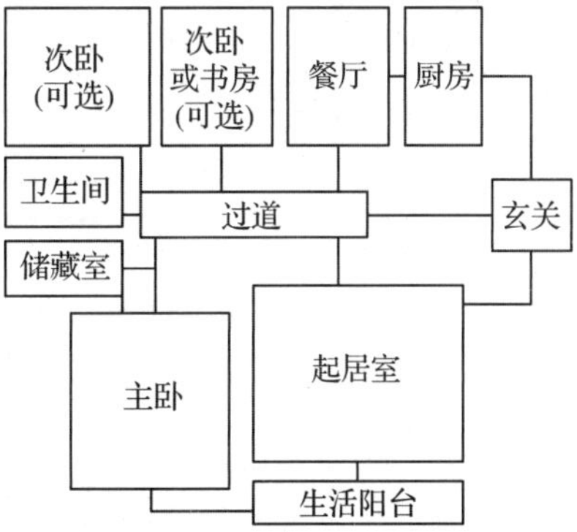

以下列举了较适宜老年人使用的两种类型住宅的平面:带小型电梯别墅式低层住宅和公寓楼中的单居室。

图 5-1 住宅平面功能模块

类型一:带小型电梯别墅式低层住宅

老年人(下肢障碍)可以使用轮椅从坡道进入住宅,拄杖者扶住抓杆跨越台阶进入住宅;一层的功能空间包括起居室、卫生间、厨房餐厅、卧室和过道;老年人(主要是下肢障碍)可以使用一层的升降电梯到达二层,二层主要作为休息使用,包括卧室和卫生间,如图 5-2 所示。

此种户型的别墅适宜一家人居住,老年人可以得到家人的照顾和陪伴。在无障碍设施

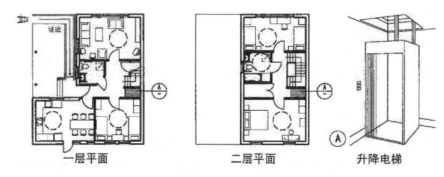

图 5-2   带小型电梯别墅式低层住宅

方面比普通别墅增设了坡道和扶杆、升降电梯和卫生间中的抓杆等；在空间形态与组织方面，主要优化了流线，尽量减少老年人到达各空间的距离，减少给老年人使用轮椅和拄杖带来的空间上的障碍；在界面处理方面，做到造型简洁和使用安全，墙面选择柔和光滑的材料，阳角和凸出部分宜做成圆角、切角，宜在 1800 mm 高度以下使用弹性材料做护体，避免造成老年人的身体或墙面的损伤；在各空间中(门和通道)考虑坐轮椅者和拄杖者的通行宽度及他们使用辅助器具(轮椅和拐杖)的半径，特别是在卫生间和厨房中。

类型二：公寓楼中的单居室

老年人(下肢障碍)可以拄杖或使用轮椅通过 U 形坡道进入公寓一层大厅，使用电梯进入自己的居室；居室的功能空间包括起居室、卫生间、厨房和卧室，如图 5-3 所示。

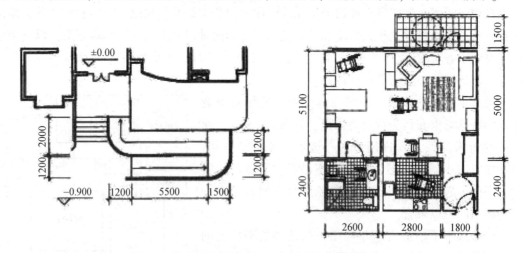

图 5-3   公寓无障碍入口及公寓楼中的单居室平面

此种经济紧凑型户型的居室适宜单人居住。在无障碍设施方面比普通居室增设了公寓入口处坡道和扶杆、升降电梯、卫生间中的抓杆等；在空间形态与组织方面，融合了各功能空间和模糊了各空间的边界，采用开放无门式，减少门和墙体给老年人带来的不必要的障碍，优化了流线，缩短了到达各空间的距离；在界面处理方面，做到造型简洁和使用安全，墙体阳角和凸出部分宜做成圆角、切角，宜在 1800 mm 高度以下使用弹性材料做护体，避免造成老年人的身体或墙面的损伤；在各空间中(门和通道)考虑坐轮椅者和拄杖者的通行宽度，及他们使用辅助器具(轮椅和拐杖)的半径，特别是在卫生间和厨房中。

5.1.1　卫生间

卫生间在室内居住环境中是最容易发生事故的地点，因其空间狭窄，功能繁多，如果空间布置不合理或设施装置不完备，很容易给老年人带来危险，使其失去或部分失去生活自理能力。而无障碍设计在卫生间的应用可以帮助老年人提高自理能力和生活质量，减少对他人的依赖，预防意外的发生。

(1)卫生间的物质功能组成

卫生间应设有洗手盆、小便器、坐便器等基本设施，老年人使用的卫生间应比普通人使用的卫生间稍大些，因为考虑到下肢障碍坐轮椅者使用轮椅的便利(一般应留有1 500 mm×1 500 mm 的回转空间)，同时在卫生间布局时应考虑到基本设施是否有便于轮椅接近的空间。

(2)卫生间的行为流线分析

老年人在卫生间所需要进行的活动远大于其他室内活动空间，而老年人活动不便，在卫生间极易被碰伤、绊倒，此外考虑轮椅回旋空间，卫生间的流线需布置得简单，减少通行困难。如图 5-4 所示，流线是从进门到洗手台，然后有小便的需求就到坐便器，结束后出门。在无障碍卫生间需要特别注意的是轮椅回旋的尺寸，尽量减少轮椅的长距离路程和避免突出物造成的碰伤。功能设施要紧凑但不拥挤，位置恰当，流线合理。

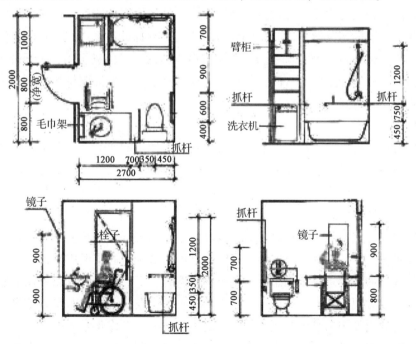

图 5-4　卫生间平面及各立面

(3)色彩设计

卫生间整体设计上采用柔和明亮的暖色调，尽可能加大色彩的明度和对比度，使家具设备颜色与室内颜色形成反差，提高可识别性。在空间、标高、材质变化等易发生事故的地方，可利用两种对比明显而和谐的颜色来体现过渡。

（4）装饰材料选择

老年人行动不便，动作缓慢，事故发生率较高。为预防事故发生，装饰材料的选择尤为重要。由于卫生间有较多的水，所以地面应防滑，并安装地漏；考虑到拐杖和轮椅的使用会对地面施加较大的压力和扭力，地面应尽量选择耐磨、耐压性能好的材料；避免使用黑色、深色或易造成视错觉的材料，影响残疾人行走或使他们造成不安的心理；在必须存在高差的地方，宜用鲜明的色差或标识做出提示；墙面要选择柔和光滑的材料，阳角和突出部分宜做成圆角、切角，宜在 1 800 mm 高度以下弹性材料做护角，避免造成老年人身体或墙体的损伤。

（5）照明设计

对视力有障碍(弱视)的人来说，卫生间的照明设计上要避免两个问题：一是避免光线不足或强烈反差；二是不要有眩光，光线尽量柔和均匀。因此，卫生间照明不宜选用强对比的彩灯，而应在设置一般照明的基础上设置局部照明，如选用磨砂白炽灯、柔光白炽灯或吸顶灯等光线柔和的漫反射性光源做卫生间的整体照明灯具，在洗手台、小便器和大便器上方使用多个点光源，既能保证照度的均匀性，又能确保具体操作地点的重点功能照明。

（6）洗手台设计

洗手台的设计尺度主要以挂杖者和坐轮椅者为设计依据，洗手台的深度考虑到老年人的腿脚、手臂伸展的不灵便，以 500～550 mm 为宜；台面的高度参照坐轮椅者使用方便的高度，以 740～790 mm 为宜；洗手台面阳角宜做成圆角，避免碰伤；台面下最好空置，这样给坐轮椅者留有容膝空间；台面安装扶杆，扶杆宜采用防滑抑菌材料；水龙头不宜采用旋转式，宜采用感应式。

（7）小便器设计

小便器宜采用感应式；小便器的高度要比正常人使用的要低，参考坐轮椅者坐面的高度，370～390 mm 为宜，最好采用落地式；要安装扶杆，扶杆宜采用防滑抑菌材料，扶杆最好可旋转，如图 5-5 所示。

（8）坐便器设计

坐便器的高度宜参考坐轮椅者坐面的高度，370～390 mm 为宜；坐轮椅者从轮椅移到坐便器上要考虑安全、便利；要安装扶杆，扶杆的位置和方向要考虑轮椅者便利，扶杆材料要防滑抑菌；冲水装置可采用感应式和脚踏式两种并存，感应式可以方便下肢有障碍的人，脚踏式可以方便上肢有障碍的人，如图 5-6 所示；坐便器的垫圈要够结实，经笔者调研发现，现有国内外知名品牌坐便器的垫圈的强度设计只考虑正常人坐下去的压力，并没有考虑下肢障碍特别是双下肢障碍者将整个身体压在垫圈上的情况，笔者实地调研结果显示在酒店接待障碍者会议中超过 1/2 的垫圈曾被一天坐裂。

图 5-5　小便器　　　　　　图 5-6　坐便器

(9)浴缸设计

浴缸作为老年人洗澡的工具,最具有障碍的地方就是怎样跨进浴缸,对此现有的解决方法有 4 种:①有人将老年人抱入浴缸;②顶棚安装轨道,可以用吊篮与轨道连接将老年人移动;③浴缸的一面像卷帘门一样升降(图 5-7),老年人依靠自己移动进去;④老年人利用等高平台(例如凳子)移动进去(具体行为详见第四章行为特性研究)。

(10)淋浴设计

淋浴房作为老年人洗澡的另一种工具,需要注意的无障碍设计要点有:①淋浴房地面要防滑;②淋浴房内外须无高差,也最好没有门槛,如果由于防水原因,尽量降低门槛高度和缩小门槛宽度,这样可最大限度地减少下肢障碍者的障碍;③在淋浴房内设计坐的位置,且有凭靠的地方;④所有需要上肢操作的设备和设施都要考虑低位设计,使下肢障碍者坐姿状态够得着,整体浴房如图 5-8 所示。

图 5-7　上海世博会生命阳光馆中　　　图 5-8　可坐式的淋浴房
展示的浴缸

(11)呼救装置

卫生间在室内居住环境中是最容易发生事故的地点,老年人如在卫生间内滑倒或受伤可利用紧急呼救按钮向外界求救。

5.1.2　厨房和餐厅

厨房是住宅中使用最频繁、家务劳动最集中的场所,根据我国建设部颁布的《住宅设计规范》(GB 50096—2003)的定义,现代厨房可以定义为供居住者进行炊事活动的空间。

厨房和餐厅在现代居室设计应用概念中，已同卧室、客厅、浴室成为居室设计中四大功能特征区域之一。人们每天花在厨房和餐厅中的时间将近3h，是使用频率极高的家庭空间之一，而老年人活动不便，在厨房和餐厅中极易被碰伤、绊倒。

（1）厨房、餐厅的物质功能组成

厨房家具的主要功能是：洗涤、备餐、烧煮和储藏；餐厅的主要功能就是用餐。对老年人来说，每日的三餐决定了他们会比常人花更多的时间在厨房和餐厅。因此，厨房和餐厅的功能对他们的生活质量影响极大，厨房和餐厅的设计应该充分考虑他们的特点，考虑安全、卫生、实用和操作便利的需要。

厨房和餐厅应设有操作台、水槽、吊柜和橱柜等基本设施，老年人使用的厨房和餐厅比普通人使用稍大些，因为考虑到下肢障碍坐轮椅者使用轮椅的便利（一般应留有1 500 mm×1 500 mm的回转空间），同时在厨房和餐厅布局时应考虑到基本设施是否有便于轮椅接近的空间。

（2）厨房、餐厅的行为流线分析

老年人在厨房所需要进行的活动远大于其他室内空间，而老年人活动不便，在厨房极易被碰伤、绊倒，此外考虑轮椅回旋空间，厨房的流线需布置得简单，减少通行困难。"一"字形布置，所有工作区沿一面墙"一"字形布置，尽可能留下人体活动方便的空间。"L"形布置，工作区沿对着门的两面相邻的墙围合而成，比"一"字形多一部分操作区，如图5-9所示，流线是从进门到1洗菜，然后到2操作台切菜和备餐，接着到3灶台，最后可以将菜放入冰箱（也可进行从4冰箱

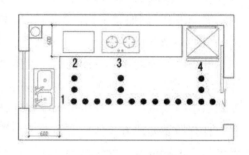

图5-9　厨房的平面流线

注：标号1是洗涤池，标号2是备餐台，
标号3是灶台，标号4是冰箱

取菜）。在无障碍厨房需要特别注意的是轮椅回旋的尺寸，尽量减少轮椅的长距离路程和避免突出物造成的碰伤。功能设施要紧凑但不拥挤，位置恰当，流线合理。

（3）操作台、洗涤池、灶台的设计

老年人由于身体机能的衰退，身体障碍部位产生相对的萎缩。因此，厨房家具尺寸，一般以身高偏低的人为设计依据。操作台的宽度考虑到老年人的腿脚、手臂伸展的不灵便，以500~550 mm为宜，操作台前半部分用以操作，后半部分可以用来摆放物品。台面高750~800 mm为宜，这样可以使老年人避免弯腰。台下净空高度不应小于600 mm，前后进深不应小于250 mm，便于老年人从下面将腿伸进去。

洗涤池的设计尺度与操作台相类似，上口与地面距离约800 mm，深度约为100~150 mm，其下部也要有容腿空间。水龙头应选择便于操作的形状，可使用单杠杆把手的水龙头或感应龙头、电动龙头。

灶台高度一般与操作台面平齐，且考虑到安全隐患，炉灶的控制开关应在炉灶的前面，方便老年人观察、调节火候。开关旋钮的体积要较大，有明显的标示以便于操作。出于安全考虑，可安装自动断气、断电装置以及漏气预警装置等。

（4）厨房、餐厅的家具设计

厨房和餐厅的设计要注重便于老年人的独立生活，同时还要满足使用轮椅者对空间的特殊要求。根据《老年人建筑设计规范》要求，供老年人自行操作和轮椅进出的独用厨房，使用面积不宜小于 6.00 m²，其最小短边净尺寸不应小于 2 100 mm；厨房操作台面高不宜小于 750~800 mm，台面深度不应小于 600 mm；台下净空高度不应小于 600 mm，若在操作台上设吊柜，吊柜底面距地面 1 400 mm，深度为 450 mm 时，使用最为方便；地柜下口离地高度宜为 180 mm，凹进 150 mm，这样使用轮椅靠近地柜操作时，轮椅的脚踏可以伸进而不受阻碍。厨房和餐厅内家具柜门离地距离应在 400~1 400 mm 范围内，厨柜的立面尺寸如图 5-10 所示。

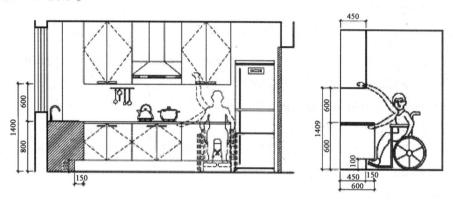

图 5-10　厨柜设计的立面尺寸

（5）门

厨房和餐厅的门宽度不应小于 900 mm，以便于使用轮椅或其他助行器械的人通过。为了保证门易开易关，最好使用开启方便、重量较轻的推拉门，如木板门或铝合金门，安装时下部轨道嵌入地面以避免高差。有的老年人握力下降，门的把手避免使用不宜用力的球形把手，而应选用旋转轴较长的拉手，拉手高度宜在 900~1 000 mm 左右。

5.1.3　玄关和客厅

（1）玄关和客厅的物质功能组成

玄关和客厅应设有鞋柜、抓杆、沙发等基本设施，老年人使用的玄关和客厅应比普通人使用的稍大些，因为考虑到下肢障碍坐轮椅者使用轮椅的便利，同时在玄关和客厅布局时应考虑到基本设施是否有便于轮椅接近的空间。

（2）玄关和客厅的行为流线分析

玄关和客厅作为连接在一起的两个空间，是进入居室的门户。人在这里的行为顺序为：开门进入—换鞋—坐下休息—洽谈。

（3）玄关的设计

由于老年人的生理障碍，基于上下肢不便的考虑，在玄关处设计可以坐下的鞋柜，包含了收纳功能的鞋柜和停留换鞋的座椅功能；另外，在玄关的墙壁上安装竖向抓杆，可以方便老年人和孕妇，这也是通用设计的一种。经笔者调研发现，防滑地砖是老年人的最佳选择。

（4）会客区的设计

会客区主要考虑会客、休息的功能和老年人的生理障碍，在会客区考虑轮椅的停放位置和轮椅旋转空间；会客厅内墙壁的阳角宜做成圆角或倒角，避免人被碰伤和保护墙壁；还有在会客厅的墙面安装抓杆，方便拄杖者和坐轮椅者，抓杆的端头不能沿墙断掉外露，以免造成碰伤；抓杆的材料尽量考虑防滑、保温、抑菌等要素。据悉，福州市相关部门在计划建造适合障碍者独立生活的小居室（60 m²）的安置房（2011 年）。

5.1.4 书房和卧室

（1）书房和卧室的物质功能组成

书房和卧室应设有书桌、椅子、书橱、衣柜和床等基本设施，老年人使用的书房和卧室应比普通人使用的稍大些，因为考虑到下肢障碍坐轮椅者使用轮椅的便利，同时在书房和卧室布局时应考虑到基本设施是否有便于轮椅接近的空间。

（2）书房和卧室的行为流线分析

人在书房中的主要行为是办公和阅读，具体包括读书、写作和使用计算机。人在卧室的主要行为是睡眠、穿衣（使用衣柜）。

（3）书房的设计

居室空间都有一定的共性和特性。作为老年人使用的居室空间，空间要足够大且方便轮椅回转、地面防滑、墙壁安装抓杆、墙壁阳角做成圆角或倒角都是共性；由于书房的功能限定，突出办公、阅读的功能，书房有其特性：在家具上需要考虑书桌、书架（书橱）方便老年人的使用。桌面的高度宜在 760～800 mm，设计依据是轮椅坐高和人的坐姿肘高，桌面的长宽应参考人的坐姿双手的平面活动范围，桌子的容腿空间需考虑轮椅能够推进桌子；书架（书柜）需考虑人坐在轮椅上的取物方便。

（4）卧室的设计

卧室需要考虑床、衣柜方便老年人的使用。床的高度不宜太高或太低，应以人的膝腘高度作为设计依据，还需考虑轮椅的坐面高度（方便坐轮椅者从轮椅移到床上）；衣柜的柜门宜做移门（减少空间），衣柜内宜设置升降衣架（方便下肢障碍者取物和提高衣柜空间的利用率）。

5.2 养老社会福利院

传统的居家养老由于独生子女政策正受到挑战，一方面，"421"的家庭成员结构使得子女护理老人变得负担较重，中国青年报近期一项调查显示，74.1%的 80 后表示生活工作压力大，照顾父母力不从心；另一方面，独居老人在家突发死亡很久才被发现的报道屡见不鲜。社会养老机构的缺口无论民间、官方还是学界，都越来越体味到养老问题的压迫感和焦灼感。"421"的家庭结构，使得从"养儿防老"到"社会养老"已成大势所趋。然而现实是，我国各项配套的养老社会制度建设相对滞后。在床位数量上，2011 年年底，全国各类养老机构的养老床位 315 万张，床位数占老人总数比例仅为 1.77%；在配套质量上，养老机构的无障碍标准还不够完善。

5.2.1　老年人的生理特性

老年人的生理机能随着年龄增长开始衰退，视力下降、味觉嗅觉不敏感、动作协调性变差、思维能力下降。①老年人肌肉及骨骼系统衰退，反应变慢，灵活程度下降，肌肉的强度以及控制能力也不断减退。骨骼随年龄的增长逐步变脆，老年人摔跤易骨折；②老年人腿部肌肉衰退，骨质疏松，肌肉萎缩，老年人坐下后，站起来比较费劲。如果长时间下蹲，站起来容易出现身体失衡、头晕、跌倒；③老年人运动机能衰退，体力大幅度下降容易疲劳，腿脚不利易摔倒，不能激烈运动，长时间步行和爬楼易喘气流汗，需要频繁休息。

老年人和残障者相比既有共同性也有特殊性。老年人是由于年龄增长生理机能不断衰退，身体某些运动机能衰退或丧失，残障者是由于疾病或意外伤害导致身体某些运动机能衰退或丧失，就结果而言，身体运动机能的衰退和丧失是相同的；但导致老年人和残障者身体运动机能衰退和丧失的原因却不同，体现在生理、心理和行为特性上的表现也就不同，老年人除了身体运动机能衰退和丧失以外，在意识、身体反应都要比年轻的残障者要更差，这在无障碍设计中需要考虑。

5.2.2　无障碍设计调研

调研地点包括：无锡市南山慈善家园(无锡市失能老人托养中心、无锡市重度残疾人托养中心)、无锡市江溪夕阳红休养中心、无锡市滨湖区社会福利中心。

调研内容：涉及老年人和老年人生活起居的物质无障碍(室内外空间无障碍设计和家具无障碍设计)和信息无障碍。调研方法：访谈法和行为观察拍摄记录法。

(1)建筑空间规划与平面布局

①在周边环境上，环境安静适合疗养，虽地处市郊，但交通便利，距离市属综合医院机动车程在半钟头以内，配套急救人员与设施，可应对突发急诊。

②在建筑空间规划上，a. 采用中庭式，围合中庭花园，提供老人散步娱乐空间；b. 每幢楼都用连廊连接，为人员在各楼之间行走遮风挡雨；c. 种植绿化，美化环境，为老人心理上营造舒适怡人的氛围；

③在建筑平面布局上，a. 依照需要不同看护程度的老年人进行布局，失能老人、重度残疾、康复人员分栋居住；b. 每栋楼设有康复训练、娱乐休闲、健康居住等功能楼层。

(2)居住生活空间

①福利院有套间、单人间、两人间、三人间和开敞通铺供选择。主要为不同经济状况和喜好的人提供丰富的选择，例如，无子女老年人或独身老年人如果喜欢独处，可选择单人间；如果有要好的朋友，可选择两人间，如果不喜欢独处但又没有意愿一起住的人，就可以选择开敞通铺；夫妻可选择两人间，经济条件允许可选择套间。

②卫生间宜摆放凳子，洗浴间地面须防滑，做排水设计，如图5-11(b)所示。据调查老年人和老年人在卫生间更容易发生事故，老年人尿频，老年人体力下降，去卫生间的次数更多，每次在卫生间里呆的时间也更长，老年人和老年人动作慢，体力又下降，所以摆放凳子可以让他们休息。洗浴间地面可做间隙密的马赛克砖以防滑，当洗浴间里的喷洒冲到地面水足够多的时候，地面的防滑性就降低，所以四周做倾角且做排水处理。

③卧室地面采用浅灰色地胶，如图5-11(c)所示。从材料特性上看，地胶比木地板和瓷砖都防滑，老年人和老年人需要轮椅或拐杖，地面必须防滑，老年人和老年人易跌倒，地胶比木地板和瓷砖都有弹性，他们即使跌倒也不易摔伤；从材料视觉效果上看，老年人视力下降，地面宜浅色；从清洁性上看，虽然地毯更防滑更有缓冲，但清洁性在瓷砖、木地板和地胶之后。综合来看，地胶在材料特性、视觉效果和清洁性上最优。

④家具需以老年人和老年人身体尺寸和行为特性作为设计依据。家具的棱角宜做倒角或圆角处理，以免老年人坐轮奇的碰伤，吊柜宜降低，方便身材萎缩的老年人和坐轮椅的老年人使用。

(a)大厅　　　　　　　　　(b)卫生间　　　　　　　　　(c)床和衣橱

(d)康复楼梯　　　　　　　(e)护理站　　　　　　　　(f)游戏娱乐

图5-11　福利院功能空间

(3)康复护理空间

老年人和老年人不仅是要住下来生活，而且由于生理上的疾病或障碍，还需要康复和护理。

①康复训练。有心理干预室、认知功能训练室、多感官训练室、氧疗室、慢性疾病治疗室等。老年人和老年人的康复不同于正常人，在生理和行为上都有很大差异，例如老年人的生理机能衰退，肌肉萎缩，在康复腿部时，不以锻炼和增强为目的，而是以恢复和保持为目标，这时老年人和老年人的康复器材就不能是健身房里的，如图5-11(d)所示，这是一个康复楼梯，康复方式是通过一小段的楼梯使老年人和老年人的腿部得以锻炼，楼梯不能太长，这样锻炼时可以按照个人的身体状况适可而止。

②护理站。除了康复,对于长期不能自理或短暂性疾病治疗不能自理的人员需护理。每个楼层都有护理站5-11(e),24h×7d全时服务,及时护理或转移至最近医疗中心。

(4)餐饮娱乐空间

①餐饮空间。餐饮空间设在每个楼层,可以让老年人和老年人就近就餐,避免以往的统一食堂就餐需走很长一段路。就餐环境洁净温馨,根据营养师针对性的指导,加上每个人的特殊需求,老年人和老年人由福利院统一配餐。

②娱乐空间。如图5-11(f)所示,棋牌室、影视厅、乒乓球室、桌球一应俱全,满足了老年人和老年人的精神文化生活的需求。使得老年人和老年人心情愉快,精神放松。

(5)交通空间

①水平交通。地面须无台阶,尽可能无高差,因老年人和老年人大部分依赖轮椅和拐杖行走,台阶和高差对这类助行器械易产生障碍而导致老年人和老年人摔倒造成危险;推拉门替代平开门,平开门在无障碍空间中需开关门半径和空间,对于老年人和老年人来说,平开门会造成障碍;位移系统(吊轨)对截瘫、四肢瘫或失能老人的移动有帮助;走廊(扶手)的设计宜圆扶手,减少跌倒造成的损伤。

②垂直交通。福利院建筑的垂直交通主要依靠厢式电梯,分为两种:普通无障碍厢式电梯(行人)和急救厢式电梯(可推入护理床),电梯的入口净宽均应在80 cm以上,方便轮椅和护理床进出。电梯里增设的盲文按钮可设置成手触和脚触,方便不同障碍人群使用,同时电梯里还要设置"倒后镜",以方便坐轮椅倒出和转身,且按键上有盲文,每一层都有语言提示层数,方便盲人出入。

5.3　日间照料中心

社区老年人日间照料中心是指为社区内生活不能完全自理、日常生活需要一定照料的半失能老年人提供膳食供应、个人照顾、保健康复、休闲娱乐等日间托养服务的设施。是一种适合半失能老年人的"白天入托接受照顾和参与活动,晚上回家享受家庭生活"的社区居家养老服务新模式。

5.3.1　服务对象

为所有60岁以上老年人开放,重点服务高龄老人、空巢老人、残疾老人、优抚老人、低保或低收入老人等,社区内需要日间照料所有老年人。

5.3.2　服务内容

提供膳食供应、个人照顾、保健康复、休闲娱乐、精神慰藉、紧急援助等日间服务的内容。

(1)就餐服务

老人只需缴付生活费,包括早中晚餐,并且能够保证丰盛的饭菜质量。白天子女上班,没有时间给老人做饭,老人可以送到日间照料中心,在这可以享有可口的饭菜,晚上再由子女把老人接回家共享天伦。

（2）医疗服务

专业的养老服务团队、医疗团队入驻日间照料中心，每天为您量血压、测血脂、检查身体，时刻关注老人健康。康复室、理疗师、健身室等应有尽有。还有休息床、轮椅供老人随意使用，有的还配备了一些电磁理疗等保健设备。如果老人身体不适，日间照料站应请社区医生给老人治疗，日间照料站还应当邀请志愿者为老年人提供各种义务服务。

（3）娱乐项目

老年人在这里可以打牌、下棋、钓鱼、跳舞、练习书法、足浴、品茶、看电影、看电视、听音乐等多种免费项目。总之为老人准备了各种各样的娱乐活动。

（4）老年大学

专业养老服务员手把手教老年人手指操等一些基本的健身运动。同时设有图书馆、学习中心等。社区老年课堂，通过专题讲座、咨询指导、上公开课等形式，解决老年群体共同关注的问题。以社区老年课堂为主阵地，聘请各行业精英和专家学者组成的公益课堂义工讲师团，对老年人进行知识更新和技能培训，开展涉及法律、科学养生、医疗保健、人际沟通、家庭教育等专题讲座和咨询指导等各类知识。

5.4　归纳分析

综合以上的不同功能类别空间的室内无障碍设计研究，进行归纳分析，包括：室内空间形态与组织、室内界面处理、采光与照明、色彩与材质、家具与陈设、设施与绿化。

5.4.1　室内空间形态与组织

室内空间形态与组织以空间功能为基础，以人体尺度和行为特性为设计依据，以美的设计法则为指导。老年人由于身体机能退化，从而导致其人体静态尺寸、动态尺寸和行为方式都发生改变。

①下肢障碍独立乘坐轮椅者。部分或完全丧失下肢运动机能，动作受轮椅的限制较大，手的活动范围受到轮椅限制，各项设施的尺度均受轮椅尺寸的限制；轮椅行动快速灵活，但占用空间较大。

②下肢障碍拄杖者。攀登和跨越动作困难，水平推力差，行动缓慢，不适应常规的运动节奏，行走时躯干晃动幅度较大；拄双杖者只有坐姿时，才能使用双手；拄双杖者行走时的宽幅可达950 mm，而常人只需要700 mm左右。

③上肢障碍者。这类人群在行走中没有障碍，手的活动范围小于正常人，难以承担各种精巧的动作，持续力差，难以完成双手并用的动作；双上肢障碍者在日常生活中需用手的时候会遇到障碍，例如，吃饭、洗漱、洗澡等行为，需要用脚代替手，或者借助辅助工具和其他人的帮助。

根据以上老年人的特性提出以下建议：

①由于肢体障碍，动作就较常人要慢，所花费时间自然就较常人要多，为了使其少走

弯路, 空间形态和组织要尽量流畅, 方便老年人的行为流线; 转折处少些棱角, 在水平方向上减少老年人的辅助器具的碰撞与冲突。

②避免踏步和门槛, 在垂直方向上达到无障碍通行。

③窗台要低些, 使得坐轮椅者视线通透, 心情舒畅。

5.4.2　室内界面处理

室内界面, 即围合成室内空间的地面(楼、地面)、侧面(墙面、隔断)和顶面(平顶、顶棚)。人们使用和感受室内空间, 但通常直接看到甚至触摸到的则为界面实体。

室内界面的设计, 既有功能技术要求, 也有造型和美观要求。作为材料实体的界面, 有界面的线形和色彩设计, 界面的材质选用和构造问题。此外, 现代室内环境的界面设计还需要与房屋室内的设施、设备予以周密的协调。

各界面的功能要求包括:

①底面(楼、地面)——耐磨、防滑、易清洁、防静电等。

②侧面(墙面、隔断)——挡视线、较高的隔声、吸声、保温、隔热要求。

③顶面(平顶、顶棚)——质轻、光反射率高、较高的隔声、吸声、保温、隔热要求。

5.4.3　室内采光与照明

5.4.3.1　室内采光

①采光在生理上的影响。在全球的一些地区, 当进入冬季阳光照射减少时, 有些人出现"季节性情绪紊乱"(SAD), 或者称"冬日抑郁症", 具体症状为: 情绪明显低落、易发怒、显著疲劳、嗜睡、糖代谢增加等, 此类症状与一般的抑郁症不同, 一般抑郁症表现为无季节性倾向、失眠、食欲不振。这主要是因为日光摄取量减少引起体内荷尔蒙分泌变化而引起生理的反应, 导致生物节律紊乱。这种症状多发生在青春期以后, 妇女人数多于男子(5∶1), 并且患者人数在各地区分布与某一地区冬日日照水平有关, 在美国的新罕布什尔州每年有10%的人患有季节性情绪紊乱, 而在佛罗里达州仅有2%, 由此估算, 有近1 000万的美国人患有此症, 2 500万人怀疑有此症。我国地域辽阔, 人口众多, 所处纬度与美国相近, 相信患有此症的人数相当庞大, 国内在这一领域的研究相对较少, 希望引起有关专家的注意。

②采光在心理上的影响。芬兰现代建筑大师阿尔瓦·阿尔托1928—1933年在芬兰设计的帕米欧肺结核疗养院中, 考虑芬兰独特的自然和地理条件造成的心理效果, 采用有机形式和大量自然材料, 特别是北欧盛产的木材使人产生温馨的感觉; 另外还采用大尺寸的顶部圆筒形照明孔, 一方面是能够引入日光的天窗, 另一方面是黑夜时的人造光源, 把日光与人造光源归于同一顶部来源, 在心理上造成太阳还没有落的感觉, 从而减少因为日落早造成的心理压抑感, 利用人工照明暗示白天和黑夜的正常时差, 配合人的正常生理时间表。

5.4.3.2　室内照明

随着照明的重要性被越来越多的人们所认可, 照明已成为一门涉及现代人们日常生活和工作必不可少的综合性学科，尤其是在一些特殊应用场合，绝不是简单照亮就能达到人们的要求。不同功能的空间需要不同的照明设计，以满足使用者的生理和心理的要求。

（1）研究发现照明对人的生理和心理都具有十分重要的影响

①照明在生理上影响激素和生物钟。现代医学的研究表明，视觉系统不仅传递给大脑光的信号，而且把外界光环境的明暗信息传递给大脑的松果体。松果体产生褪黑激素进入血液、尿液、脑脊液和细胞内外液中，从而控制了人的睡眠水平。事实上，褪黑激素存在于所有哺乳动物的身体内，并影响动物的生物节律，褪黑激素的生物合成受光周期的制约。日本学者登仓寻宝在 2000 年发现：白炽灯或红色荧光灯对褪黑激素分泌的抑制能力较弱，并能达到较深的睡眠深度（睡眠中体温温差变化较大）。因而，使用偏红色光谱的灯光照明有利于人们保持高质量的睡眠；而绿色和蓝色对褪黑激素分泌的抑制能力较强，达到较浅的睡眠深度（睡眠中体温温差变化较小），因而，使用偏蓝绿色光谱的灯光照明不利于人们保持高质量的睡眠。

②照明在心理上主要影响知觉过程。大多数人对灯光的冷暖随季节变化方面有一定的要求，实际上，对灯光冷暖的选择存在两方面的原因：一方面是心理感受，根据笔者对 12 户居民冬夏季的跟踪调查表明，冬季人们更希望选用暖色调的灯光，夏季选用冷色调的灯光，对于以暖色调灯光为主的家庭，到了夏天最热的季节傍晚照明时往往采取降低照度水平的方式，因此照明光环境质量大大降低，同时，一些家庭看电视时夏季关灯的时间比冬季多；另一方面，暖色调常用的白炽灯与荧光灯比较，发热量高得多。Yamazaki 研究发现：当照度较低时，人们对环境温度的敏感性降低，随着照度的增加，对环境温度敏感性也随之增加。

（2）室内照明应对策略

①大部分老年人由于肢体伤残而运动机能受损，从而导致运动量普遍低于常人，进而致使体质和抵抗力降低，自身对环境变化的调节能力也减弱。

当室内自然光照射不足而需要补充人工光源时，混合光源照明的照度水平应高于夜晚人工光源单独照明，这样使人对光环境的舒适感受不至于有明显下降。

②考虑到老年人敏感的心理特性，不同的季节宜变换灯光的冷暖。尽量通过调节照明来消除老年人的悲观、消极情绪，增加他们的乐观、积极心态。

5.4.4　室内色彩与材料质地

5.4.4.1　室内色彩

室内色彩对人的生理和心理都具有十分重要的影响。

生理心理学表明感受器官能把物理刺激能量，如压力、光、声和化学物质，转化为神经冲动，神经冲动传达到脑而产生感觉和知觉，而人的心理过程，如对先前经验的记忆、思想、情绪和注意力集中等，都是脑较高级部位以一定方式所具有的机能，他们表现了神经冲动的实际活动。

库尔特·戈尔茨坦对有严重平衡缺陷的患者进行了实验，当给她穿上绿色衣服时，她走路显得十分正常，而当穿上红色衣服时，她几乎不能走路，并经常处于摔倒的危险之中。有人举例说，伦敦附近泰晤士河上的黑桥，跳水自杀者比其他桥多，改为绿色后自杀者就少了。这些观察和实验，虽然还不能充分说明不同色彩对人产生的各种各样的作用，但至少已能充分证明色彩刺激对人的身心所起的重要影响。赫林认为眼睛和大脑需要中间灰色，缺少了它，就会变得不安稳。由此可见，在使用刺激色和高彩度的颜色时要十分慎重，要注意能让眼睛得到休息和平衡的机会。有人在对色彩治疗疾病方面作了如下对应关系：紫色——神经错乱；青色——视力混乱；蓝色——甲状腺和喉部疾病；绿色——心脏病和高血压；黄色——胃、胰腺和肝脏病；橙色——肺、肾病；红色——血脉失调和贫血。

从老年人特殊的生理和心理特性考虑出发，还是有一些色彩更适合于他们使用：浅蓝色、浅灰色或米色有利于休息和睡眠，易消除疲劳，可以用在卧室中；客厅可选择明亮一些的色系，如浅黄色、苹果绿，可以使老年人心情开朗。家具的色彩选择还要和居室的整体色调相协调，选配家具时可以选择适合色系，按照明度的变化做一个系列，给他们多一些选择。

5.4.4.2　材料质地

在当今多元化的装饰材料中，适合老年人的是在视觉上具有温暖感，触觉上具有粗滑感的木材，自古以来木材就和人类有着难以言传的情感联系，终日与实木为伴，使老年人在情感上返璞归真，回归自然，生活舒心。对于纺织品类，目前适合老年人的还是棉、麻类，手感好、易清洗的材料。

5.4.5　室内家具与陈设

5.4.5.1　室内家具

（1）家具功能

在家具功能上要考虑各类老年人的生理特点。例如，对下肢障碍坐轮椅者要考虑客厅留有轮椅的摆放位置，以及卫生间的轮椅旋转空间；对拄杖者要考虑尽量不要有台阶，因为他们的攀登和跨越动作困难；对上肢障碍者要考虑他们难以完成精巧的动作，抽屉和柜子的开启方式要避免暗把手。

（2）家具尺度

每件家具在尺度上都以老年人的人体参数作为设计依据。具体来说，坐类家具如书桌、座椅等以老年人坐位基准点为准，沙发及床等以老年人卧位基准点为准，在柜类设计中以坐轮椅者的立位基准点为准，包括书柜、衣柜、橱柜等。如设计座椅高度时，就是以坐轮椅者的坐位（坐骨结节点）基准点为准进行测量和设计，高度在 380 mm 时，膝盖就会拱起，引起不舒适感，且起立时困难，高度大于 500 mm 时，体压分散至大腿部分，使大腿内侧受压，小腿易出现麻木。另外，座面的宽度、深度、倾斜度、靠背倾角也都要充分考虑老年人的人体尺度及动作规律。

8.4.5.2　室内陈设

室内陈设又称摆设，是为了表达一定的思想内涵和精神文化。它对室内空间形象的塑造、气氛的表达、环境的渲染起着锦上添花、画龙点睛的作用。常用的室内陈设包括：字画、摄影作品、雕塑、盆景、工艺美术品、玩具、织物、日用装饰品、个人收藏品和纪念品等。

考虑到老年人的生理和心理特性，陈设品宜选择不易对身体造成意外伤害的，艺术品味符合使用者欣赏水平和提高审美情趣。

5.4.6　室内设施

无论是健康住宅、生态住宅、高科技住宅，其实质都应是健康、舒适和节能的。否则各种提法都只是形式上的翻新。要真正做到"健康、舒适、节能"，不仅要满足使用空间的要求，还要满足人体对健康舒适的要求，包括室内温度、湿度、空气质量、采光、噪声控制等。设施主要包括声、光、热、风、水、电等的调节和控制。

①声。室内噪声 35～45 分贝以下。

②光。可调节、控制光线和热量的透射。

③热。室内温度全年控制在 20～26℃，湿度 40%～60%（短时间可以在 30%～70%）；这里是指空调系统，主要指供热和制冷，传统的是用空调机调控温度。但从医学的角度，最好是头的温度要低于脚的温度，而空调一般悬挂高度都高于头顶，不利健康。而地暖技术在供热时是从下往上热辐射，符合健康原理。

④风。空气质量每人每小时提供 15～30 m³ 新风，室内无风感，无空气再循环使用；卫生间、厨房无异味等。

⑤电。包括强电和弱电，这里主要指弱电（智能化），常用的弱电工程包括：有线电视、电话、网络、智能消防和防盗报警等。由于老年人的运动机能受损，在弱电上设计以便利性为目标，以安全性作为保障，以智能化作为手段，将弱电工程有利于老年人的使用，成为老年人肢体的功能补偿、延伸和行动范围的扩大。

⑥水。与常规标准一致，在此不赘述。

5.4.7　室内绿化

室内绿化的作用包括净化空气、调节气候、柔化空间、增添生气、美化环境、陶冶情操。人类学家哈·爱德华强调人的空间体验不仅是视觉而是多种感觉，并和行为有关，人和空间是相互作用的。当老年人踏进室内，看到浓浓的绿意和鲜艳的花朵，听到卵石上的流水声，闻到阵阵的花香，在良好环境知觉刺激面前，不但会感到社会的关心，还能使心情宁静平和。

本章小结

本章在前几章老年人生理、心理、行为特性研究和实例分析的基础上，通过对肢体障碍者的生理和行为特性研究，分析其与常人在运动机能和人体尺寸方面的差异，在空间的行为流线、家具的功能尺寸方面提出了合理性建议，完善肢体障碍者的物质无障碍设计；通过对肢体障碍者的心理特性研究，分析其与常人在空间和色彩方面的心理感受差别，在平面布置、空间设计、色彩材质和家具配置方面提出了针对性建议，从而营造适合肢体障碍者的空间氛围。分别从以生活居住空间、公共交通空间和公共活动空间这 3 类空间进行系统的无障碍设计研究。

　　首先，在与老年人最为密切的生活居住空间的无障碍设计研究中，对居室平面功能模块进行分析，以老年人的特殊需求和行为特点为依据进行模块布局，优化流线。参照残疾人保障性住房的相关标准和规范，在多省市开展实地调研和考察，提出满足老年人需求的两种户型室内设计平面方案，由此展开居室中各功能空间的无障碍设计研究。

　　其次，在公共交通空间和公共活动空间的无障碍设计研究中，以老年人的行为特点和特殊需求为设计依据，结合各空间的功能，展开与老年人社会生活密切相关的交通、金融、医疗、文化和体育空间的室内无障碍设计研究。

　　最后，通过归纳总结，从空间形态与组织、采光与照明、色彩与材质、家具与陈设、设施与绿化分别进行针对老年人的室内无障碍设计研究。

第6章　老年人居住环境无障碍设计案例

6.1　国内的老年人居住环境无障碍设计案例

6.1.1　北京天开瑞祥不老山庄

6.1.1.1　研究目的

对北京天开瑞祥不老山庄的无障碍设施是否齐全以及其分布的情况、维护的情况是否有利于老年人的使用；所有的无障碍设计及设施是否符合国家规范和标准，对机构的无障碍设施的使用情况进行调查研究，分析其作用并提出改进建议。

6.1.1.2　背景资料

（1）规模和经验

天开瑞祥养生养老院（不老山庄）是在政府大力支持下投资兴建的集养生、养老、休闲、度假为一体的大型社会福利机构，是中国首家大型养生式养老机构。不老山庄占地139亩*，建筑面积 40 000 m²。拥有14年为老人服务的经验，200多名优秀专业团队，52 800名老年人共同见证，不老山庄提供以长者为中心的七星生活服务，是唯一融合养生、康复的国际养老模式（图6-1、图6-2）。

图6-1　养老院远景　　　　　　　　　　　图6-2　养老院入口

（2）养老模式

不老山庄提供养生式养老模式，传承中华民族传统养生文化之精髓，结合现代医学健康理念，让您放慢衰老步伐，留住健康与快乐，延缓衰老，提高长者晚年的生活质量和生活品质。更有候鸟式养老，让您像鸟儿一样随着气候变换选择不同的地域环境进行养老。

---

*　1 亩 = 666.67 m²。

亲近大自然，感受祖国大好河山，享受晚年乐趣。

（3）环境

天开瑞祥不老山庄坐落于有着"北京夏都""首都后花园""绿色大氧吧"之美誉的延庆康庄，西临碧波荡漾的官厅水库；北靠国家级湿地鸟类自然保护区——野鸭湖；毗邻北京境内唯一的自然草原景观——沁心宜人的康西草原。不老山庄环境优美，这里净水、净土、净气，气候宜人，四季分明，大气、水质均达国家一类标准，是国家级生态示范区，没有雾霾的自然宝地。这里不光名山胜水，钟林毓秀，且民风淳朴，交通便利，外出游玩十分方便。

6.1.1.3　调查报告

（1）设施

山庄建有智能化总控中心（无线求助 GPS 定位系统、室内红外线监控系统、紧急呼叫按钮系统、周界报警系统等）保证老人安全养老；房间内配备独立卫生间、淋浴房、空调、液晶电视、热水器、大按键电话、马桶扶手、防滑地板等，全方位满足中老年人实际需求；楼层配备医用的特殊电梯，楼内通道均是无障碍设计，防止老人滑倒的扶手环绕四壁；所有空间均设置无障碍通道，方便老人自由行动。过硬的配套设施使老人们在不老山庄可以安心的生活，赢得了老人们的信任和一致好评（图 6-3、图 6-4）。

图 6-3　书法室　　　　　　　　　　　　　图 6-4　茶室

（2）理念、价值观

不老山庄以"孝敬天下父母"为宗旨，以仁孝为基，弘扬养生文化、孝道文化，坚持"福惠老人 成就员工 回报社会"的原则，围绕"福惠长者，真诚关爱，细致高效，感动客户"的服务理念，为提高老年人的生命质量和生活品质而努力。不老山庄所提倡的是"快乐养生，健康养老"（图 6-5）。

图 6-5　活动区

（4）小结

每位老人配备有"生活管家""健康管家""快乐管家"三大管家，让老人享受儿女式的照顾。不老山庄以个性化、专业化、科技化、国际领先级的真情服务，只为追求长者的最大满意和感动。

6.1.2　北京延庆颐养园

6.1.2.1　研究目的

调查北京延庆颐养园的无障碍设施是否齐全以及其分布的情况、维护的情况是否有利于老年人的使用；所有的无障碍设计及设施是否符合国家规范和标准，对机构的无障碍设施的使用情况进行相关研究，分析其作用特点并提出改进建议。

6.1.2.2　背景资料

北京延庆现有养老机构规模普遍较小，以传统型养老院为主，条件简陋，服务对象多为当地老人，未考虑市内老人的养老需求，多针对自理型老人，缺乏综合性老年中心，15分钟辐射圈内无三甲医院，配套医疗设施不完善。现有的养老机构已经不能满足现在社会的老龄化发展趋势和大都市老人的生活需求。需建设一家适应现代社会发展的采用公寓式养老的综合性养老机构(图6-6)。

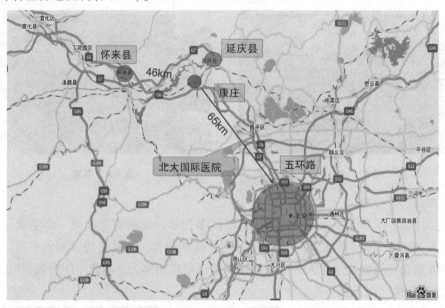

图6-6　项目位置示意

6.1.2.3　调查报告

（1）设计理念（图 6-7）

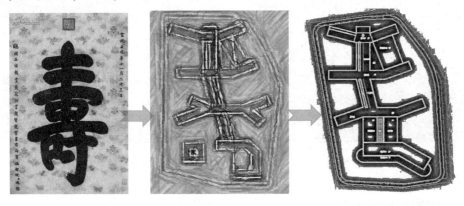

图 6-7　设计理念

（2）体量分析与功能组合（图 6-8、图 6-9）

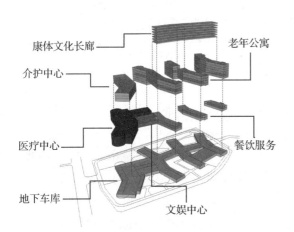

图 6-8　体量分析

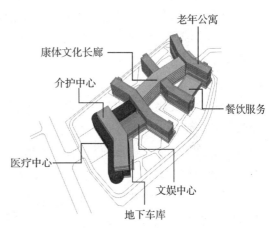

图 6-9　功能组合

（3）整体（图 6-10、图 6-11）

图 6-10　项目鸟瞰图

图 6-11　项目透视图

（4）康复和休闲（图 6-12、图 6-13）

<table>
<tr><td>图 6-12　康复</td><td>图 6-13　棋牌室</td></tr>
</table>

6.1.3　上海阳光康复中心

6.1.3.1　研究目的

调查上海阳光康复中心的无障碍设施是否齐全以及其分布的情况、维护的情况是否有利于老年人的使用；所有的无障碍设施是否符合国家规范和标准，对中心的无障碍设施的使用情况进行分析研究，分析其优缺点并提出改进建议。

6.1.3.2　背景资料

上海市阳光康复中心是隶属于上海市残疾人联合会的全民事业单位，是集公益性、综合性、示范型为一体的残疾人综合性服务设施，于 2007 年 7 月落成。中心坐落于上海市西南部的松江新城，占地面积 396 亩（264 000 m²），西邻通波塘河，北眺佘山，毗邻地铁九号线松江大学城站。中心环境优美、设施齐全、绿树成荫、鸟语花香，内有近 50 000 m²的绿茵足球场及完善的无障碍设施。中心坚持以人为本，致力于促进残疾人全面发展，业务涉及医疗康复、康复安养、技能培训、特奥竞赛训练、会务接待及配套服务等（图 6-14、图 6-15）。

<table>
<tr><td>图 6-14　中心鸟瞰图</td><td>图 6-15　入口</td></tr>
</table>

6.1.3.3　调查报告

（1）入口与道路

入口都用坡道来代替台阶，坡度符合规范要求，坡道的饰面材料考虑防滑的需要（图

6-16、图 6-17）。

图 6-16　大楼入口

图 6-17　风雨回廊

（2）无障碍卫生间与走道

卫生间在室内环境中是最容易发生事故的地点，因其空间狭窄，功能繁多，如果空间布置不合理或设施装置不完备，很容易给老年人带来危险，使其失去或部分失去生活自理能力。而无障碍设计在卫生间的应用可以帮助老年人提高自理能力和生活质量，减少对他人的依赖，预防意外的发生。中心设立的无障碍卫生间，空间足够大到方便轮椅进出和旋转，还设置了方便老年人的抓杆、防滑地面和紧急呼救等无障碍设施（图 6-18、图 6-19）。

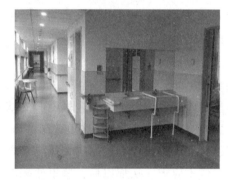

图 6-18　走道与洗手台

图 6-19　卫生间

（3）康复训练

康复训练是康复医学的一个重要手段，主要是通过训练这种方法使人恢复正常的自理功能，用训练的方法尽可能地使病患的生理和心理的康复，达到治疗效果（图 6-20、图 6-21）。

图 6-20　康复训练

图 6-21　手工康复

（4）小结

上海阳光康复中心作为上海市最大的康复机构，进行了最大限度的无障碍设计，方便老年人的助残设施主要体现在建筑入口、公寓单元、卫生间、康复区域等。为了体现中心的"以人为本"，在各类功能用房，无障碍设计满足老年人的需求和舒适度。从目前建成以后的使用效果来看，无障碍设计是比较成功的，老年人在各空间的使用都没有遇到明显的障碍。

6.2　国外的老年人居住环境无障碍设计案例

6.2.1　美国太阳城养老社区

6.2.1.1　研究目的

通过对美国亚利桑那州的"太阳城"的无障碍设计进行考察和学习，可以借鉴美国无障碍设计的先进经验以及合理周到的人性化设计。

6.2.1.2　背景资料

在美国亚利桑那州有这样一座小城，全年阳光充足，气候宜人，城内布满了棕榈树和热带植物，街道上缓缓流动着高尔夫球车。但这里并不是高尔夫球场，而是亚利桑那州发展最快的城市——"太阳城"。

20 世纪 50 年代，这里本来是一片半沙漠的棉田。地产建筑商德尔·韦布路过此地，觉得这里气候炎热干燥，土地又便宜，决定在这里建些住宅。因为，来这里度假的基本都是老人，受此启发，他干脆把目标定在老人身上。60 年代之前，他在这里建了些仅供 55 岁以上退休老人居住的样品房，同时修建了疗养、医疗、商业中心及高尔夫球场等老年人娱乐配套设施。由于房价低、环境好，一经推出，供不应求。从那以后，这里便崛起了一座新城。如今，无论是面积还是人口，这个城市依然在猛增。"太阳城"还有一个名字就是"老人城"。之所以叫"老人城"，是因为这里明文规定：所有居民年龄必须在 55 岁以上，在该年龄以下者，即便是亲属也无居住权；子女想护理生病的老人，只能住在城外；18岁以下的陪同人士，1 年居住时间不能超过 30 天。这样的规定使"太阳城"的人口独具特色：18 岁以下的人口占 0.4%，18～24 岁为 0.3%，25～44 岁为 2%，45～64 岁为17.5%，65 岁以上为 79.8%。

太阳城的老人们身上散发着青春的气息，洋溢着朝气（图 6-22、图 6-23）。对他们而言，年龄只是数字，不是心境，在他们身上看不到岁月催人老的伤悲之气，更多的是积极向上，向往美好未来的勇气。在太阳城，各种户外活动诸如花样游泳、打球、跳舞、啦啦队、甚至是老年奥林匹克运动会丰富着老年人的生活，他们展现出的积极人生态度让人振奋。

图 6-22　老年人娱乐

图 6-23　城市交通

6.2.1.3　调查报告

（1）建筑规划

这里的建筑规划完全按照老年人需求设计，小区内实现无障碍设计：无障碍步行道、无障碍防滑坡道，低按键、高插座设置，社区住宅以低层建筑为主。社区内的空间导向性被强调：对方位感、交通的安全性、道路的可达性均做了安排，实施严格的人车分流。

（2）配套设施

太阳城有专门为老人服务的综合性医院，心脏中心、眼科中心以及数百个医疗诊所遍布大街小巷。此外，它还拥有包括 7 个娱乐中心，另外还有 2 个图书馆，2 个保龄球馆，8 个高尔夫球场，3 个乡村俱乐部，1 间美术馆和 1 个交响乐演奏厅。在太阳城，无论哪种年龄段的老人，选择哪种住宅，都会享受到积极活跃的老年生活方式。每人每年缴纳一定费用，就能享受室内和室外游泳池、网球、推圆盘游戏场、草地保龄球、健身和娱乐中心等设施。

（3）城市交通

对于老人们来说，这座城市的魅力，绝不仅仅是气候好、适宜老人居住。实际上，这里的住宅与老人娱乐活动场所交织，所有设施全都以方便老人为第一宗旨：整个城市节奏慢，车辆最高时速为 48 km/h，高尔夫球车是居民的主要交通工具；城区除了拥有几所专为老人服务的综合性医院外，心脏病中心、眼科中心等数百个医疗诊所遍布大街小巷。许多患有突发性疾病的老人，脖子上都佩戴着一个项链式报警装置，遇到危险，只要按一下"项坠"，救护车就会立即赶到。

（4）住宅类型多样

太阳城中有多种住宅类型，以独栋和双拼为主，还有多层公寓、独立居住中心、生活救助中心、生活照料社区、复合公寓住宅等。房前屋后，常年绿荫如盖，鸟语花香，尤其是新开发的西南部新区，专供退休的公司主管和老板居住。独栋别墅位于高尔夫球场周围，不仅空气新鲜，还能出门就打球。在太阳城内，因房地产开发商无须向政府缴税，使得房价更便宜。同时，城内的各种设施和服务收费相当便宜，如老人使用娱乐中心的设备，只需每年向中心缴纳 456 美元（约合人民币 2 840 元）。

（5）小结

美中经济贸易促进会执行主席乌巴特尔指出，太阳城这种市场化运作的养老模式值得中国借鉴。太阳城将养老和大型养老机构相结合，一方面照顾了老人恋家的情绪，另一方面又能适应不同经济群体的需求。

在北京就有 2 个项目：北京太阳城和东方太阳城。但多数人不知道，太阳城的"鼻祖"在美国，美国太阳城是世界知名的养老地产项目，毫不夸张地说，各个国家做养老地产的开发商，几乎都会去美国参观太阳城。让人佩服的是，尽管很多人学它，但无论是规模，还是管理，没有一个项目能超越它。

6.2.2 日本老年人住宅

6.2.2.1 研究目的

通过对日本老年人住宅的无障碍设计的考察和学习，可为我国借鉴日本无障碍设计的先进经验以及合理周到的人性化设计。

6.2.2.2 背景资料

日本不仅是亚洲最早进入老龄化社会的国家，而且也是世界上人均寿命最长的国家。从 1970 年开始，日本就已经迈入了老龄化社会，故而对老年住宅的建设格外的重视。日本的老年住宅主要包括二代居住宅产品、通用住宅产品和老年公寓产品；使得老年人能够在生活中充分实现自助和自理，这是日本老年住宅的最大特点。

日本的老年居住设施的历史大致可以分为 3 个阶段：养老院时期(1896 年至 20 世纪40 年代)；老人之家时期(20 世纪 50~70 年代)；多类型时期(始于 20 世纪 80 年代)。而日本的老年公寓作为一种新类型的老年居住设施开始于 20 世纪 80 年代。早于 1963 年，日本就颁布了"老人福利法，至今形成了日本独特的具有东方文化传统特色的居住福利政策，它由在宅养老福利政策和设施养老福利对策两部分组成。据福利对策，在住宅供应方面采取倾斜政策，为老少同居形成亲子家庭互助网络，制订优惠开发新型住宅和新社区计划。在兴建各类"老人之家"方面，与日本年金制度改革适应，70 年代开始实施，80 年代有了迅速的发展，其建筑型制最初以仿效欧美为主，近年已开始关注探索适用于本国的决策理论。

6.2.2.3 日本老年人居住建筑的类型

根据居住的模式，日本的老年住宅大致可以分为 3 种类型：

(1)"两代居"模式

两代完全同居型指老年家庭同他们的子女同住在一栋楼里或一个街区，即老少两代分开居住，但相距不远。从居住模式上来说，日本为适应家庭核心化倾向，采用老少两代在生活上适度分离，而研发建造了一批与家人同居的新型住宅。这种"两代居"形态的亲子家庭住房空间大致可以分为：

①同居寄宿型。同户门，同厨房及起居室，老人居室仅附厕所或烹调设备。

②同居分住型。同户门，厨房、浴厕及起居室全部分开各自配套。

③邻居合住型。分户门，同起居室，浴厕及厨房分用。

④完全邻居型。分户门，起居室相通，浴厕及厨房分用。

这种"两代居"形态的亲子家庭住房既保留东方家庭模式，又适应现代人的需求。随着亲子居室和辅助使用空间独立成套程度的提高，两代家庭的独立性也逐步增强，而上述 4 种形式其独立性随序增加，如此可适合于不同年龄和健康状况的老年家庭使用。

（2）长寿型住宅

长寿型住宅，又称"通用住宅"，即是在设计和建造时，就将人一生的经历——从幼年、青壮年到老年的需要考虑进去，让老年人能自己照顾自己，但并不需要在一开始就把这些考虑全部做上去，而是逐步地来实现。所有这些考虑的实现可能要增加投资，据日本专家研究，全部考虑这些要求，所增费用不会超过房屋造价的 10%；如在开始时只考虑基本要求，所增费用不会超过房屋造价的 1%。这种居住形式在日本还是相当普及的，由于人们往往对居住过的地方怀有一定的情感，故而并不愿意总是搬家。通过设计让房屋满足人们一生各个阶段的要求，特别是要预留年老后的所需，如增加扶手、增加门或过道的宽度以便于轮椅通过等潜伏性设计。

（3）老年公寓

老年公寓又称老人之家，有公立、低费和私立之分。老年人可根据自己各方面的条件和经济情况进行选择。这类居住模式大致可以分为以下 9 类：

①护理型老人福利设施。这是日本法律规定的老人福利设施，主要接受需要护理的 65 岁以上的老人入住，并提供饮食、洗浴等必要的生活服务。

②老人保健设施。主要接受处于病情安定期、没有必要住院治疗、需要康复训练的和护理的 65 岁以上老人，为老人提供医疗护理和生活服务。

③介护疗养型医疗设施。以需要长期疗养的患者作为对象，经医疗机构确认，适用于介护保险的以治疗为主的设施。

④护理院。主要接受因身体机能衰退而无法独立生活，家庭照料又有困难的 60 岁以上的老人。护理员属于老人居住设施，入住费用由个人负担，但收费较低。一般设有谈话、娱乐、集会以及餐厅等共同活动的空间。

⑤养护老人之家。养护老人之家只接收 65 岁以上，由于身体上、精神上、环境上或者经济上的理由居家生活有困难的老人，提供日常生活上必须的服务。收费较低，与过去的收容型、救济型养老院比较接近，基本属于社会福利型。

⑥生活援助小规模老人之家。一种与老人日间服务结合的小规模、多功能的高龄者设施。规模大多比较小。

⑦全自费收费老人之家。全自费老人之家不同于以上几种，无国家补贴金，以具有社会信用的民间企业为经营主体。入住对象无限制，但要支付高额入住费，多为富裕阶层。根据需要护理程度，又分为健康型、住宅型、介护专用型 3 种。

⑧认知症老人之家。这是以认知症（老年痴呆症）老人作为对象的小规模生活场所，入住者自行洗衣、打扫卫生、帮厨等，营造温馨的家庭气氛，达到安定病情和减轻家庭护理负担的目的。同时，还要根据认知症老人的特点，在空间和色彩上加以区分，设备设施要有所考虑。出入口的安全性也很重要，以避免老人擅自离开设施而找不到回家的路。

⑨面向高龄者的优良租赁住宅。根据高龄者的身体特征建设的住宅，具备相应的建筑方法、材料及设备，并实施紧急时的对应措施。以 60 岁以上的高龄者为对象，规定每户

的使用面积不少于 25 m²，每栋内不少于 5 户。

(4)小结

日本老龄化问题还在继续发展，其对 21 世纪长寿社会对策的研究也已开始。

6.3　参与工程实践

6.3.1　江苏省无锡市南山慈善家园

研究地点包括：无锡市南山慈善家园(无锡市失能老人托养中心、无锡市重度残疾人托养中心)、无锡市江溪夕阳红休养中心、无锡市滨湖区社会福利中心。

调研内容：涉及到老年人和肢障者生活起居的物质无障碍(室内外空间无障碍设计和家具无障碍设计)和信息无障碍。

调研方法：访谈法和行为观察拍摄记录法。

6.3.1.1　设计说明

传统的居家养老由于独生子女政策的结果正受到挑战，一方面四二一的家庭成员结构使得子女护理老人变得负担较重，中国青年报近期一项调查显示，74.1% 的 80 后表示生活工作压力大，照顾父母力不从心；另一方面，独居老人在家突发死亡很久才被发现的报道屡见不鲜。社会养老机构的缺口无论民间、官方还是学界，都越来越体味到养老问题的压迫感和焦灼感。四二一的家庭结构，使得从"养儿防老"到"社会养老"已成大势所趋。然而现实是，我国各项配套的养老社会制度建设相对滞后。在床位数量上，2011 年年底，全国各类养老机构的养老床位 315 万张，床位数占老人总数比例仅为 1.77%；在配套质量上，养老机构的无障碍标准还不够完善。

6.3.1.2　研究报告

(1)建筑空间规划与平面布局

①在周边环境上，环境安静适合疗养，虽地处市郊，但交通便利，距离市属综合医院机动车程在半钟头以内，配套急救人员与设施，可应对突发急诊。

②在建筑空间规划上，a. 采用中庭式，围合中庭花园，提供老人散步娱乐空间；b. 每幢楼都用连廊连接，为人员在各楼之间行走遮风挡雨；c. 种植绿化，美化环境，为老人心理上营造舒适怡人的氛围；

③在建筑平面布局上，a. 依照需要不同看护程度的老年人进行布局，失能老人、重度残疾、康复人员分栋居住；b. 每栋楼设有康复训练、娱乐休闲、健康居住等功能楼层。

(2)居住生活空间

①福利院有套间、单人间、两人间、三人间和开敞通铺供选择。主要为不同经济状况和喜好的人提供丰富的选择，例如无子女老年人或独身肢障者如果喜欢独处，可选择单人间，如果有要好的朋友，可选择两人间，如果不喜欢独处但又没有愿意一起住的人，就可以选择开敞通铺；夫妻可选择两人间，经济条件允许可选择套间。

②卫生间宜摆放凳子，洗浴间地面须防滑，做排水设计。据调查老年人和肢障者在卫

生间更容易发生事故，老年人尿频，肢障者体力下降，去卫生间的次数更多，每次在卫生间里呆的时间也更长，老年人和肢障者动作慢，体力又下降，所以摆放凳子可以让他们休息。洗浴间地面可做间隙密的马赛克砖以防滑，当洗浴间里的喷洒冲到地面水足够多的时候，地面的防滑性就降低，所以四周做倾角且做排水处理。

③卧室地面采用浅灰色地胶。从材料特性上看，地胶比木地板和瓷砖都防滑，老年人和肢障者需要轮椅或拐杖，地面必须防滑，老年人和肢障者易跌倒，地胶比木地板和瓷砖都有弹性，他们即使跌倒也不易摔伤；从材料视觉效果上看，老年人视力下降，地面宜浅色；从清洁性上看，虽然地毯更防滑更有缓冲，但清洁性在瓷砖、木地板和地胶之后。综合来看，地胶在材料特性、视觉效果和清洁性上最优。

④家具需以老年人和肢障者身体尺寸和行为特性作为设计依据。家具的棱角宜做倒角或圆角处理，以免老年人和肢障者碰伤，吊柜宜降低，方便身材萎缩的老年人和坐轮椅的肢障者使用。

（3）康复护理空间

老年人和肢障者不仅是要住下来生活，而且由于生理上的疾病或障碍，还需要康复和护理。

①康复训练。有心理干预室、认知功能训练室、多感官训练室、氧疗室、慢性疾病治疗室等。老年人和肢障者的康复不同于正常人，在生理和行为上都有很大差异，例如，老年人的生理机能衰退，肌肉萎缩，在康复腿部时，不以锻炼和增强为目的，而是以恢复和保持为目标，这时老年人和肢障者的康复器材就不能是健身房里的，这是一个康复楼梯，康复方式是通过一小段的楼梯使老年人和肢障者的腿部得以锻炼，楼梯不能太长，这样锻炼时可以按照个人的身体状况适可而止。

②护理站。除了康复，对于长期不能自理或短暂性疾病治疗不能自理的人员需护理。每个楼层都有护理站，24h×7d 全时服务，及时护理或转移至最近医疗中心。

（4）餐饮娱乐空间

①餐饮空间。餐饮空间设在每个楼层，可以让老年人和肢障者就近就餐，避免以往的统一食堂就餐需走很长一段路。就餐环境洁净温馨，根据营养师针对性的指导，加上每个人的特殊需求，老年人和肢障者由福利院统一配餐。

②娱乐空间。如图 6-13 所示，棋牌室、影视厅、乒乓球室、桌球一应俱全，满足了老年人和肢障者的精神文化生活的需求。使得老年人和肢障者心情愉快，精神放松。

（5）交通空间

①水平交通。地面须无台阶，尽可能无高差，因老年人和肢障者大部分依赖轮椅和拐杖行走，台阶和高差对这类助行器械易产生障碍而导致老年人和肢障者摔倒造成危险；推拉门替代平开门，平开门在无障碍空间中需开关门半径和空间，对于老年人和肢障者来说，平开门会造成障碍；位移系统(吊轨)对截瘫、四肢瘫或失能老人的移动有帮助；走廊(扶手)的设计宜圆扶手，减少跌倒造成的损伤。

②垂直交通。福利院建筑的垂直交通主要依靠厢式电梯，分为两种：普通无障碍厢式电梯(行人)和急救厢式电梯(可推入护理床)，电梯的入口净宽均应在 80 cm 以上，方便

轮椅和护理床进出。电梯里增设的盲文按钮可设置成手触和脚触，方便不同障碍人群使用，同时电梯里还要设置"倒后镜"，以方便坐轮椅倒出和转身，且按键上有盲文，每一层都有语言提示层数，方便盲人出入。

（6）小结

本福利院考虑了老年人的生理特性及对居住环境的无障碍需求，是江苏省无障碍建设的样板工程，按照《城市道路和建筑物无障碍设计规范》和《国家建筑标准设计图集—建筑无障碍设计》设计，从目前建成以后的使用效果来看，无障碍设计是比较成功的，无障碍设施的维护也是比较到位的，福利院里的各个空间的无障碍设计都很周到且实用的。

6.3.2　江苏省盐城市社会福利院

6.3.2.1　设计说明

（1）项目概况

盐城市社会福利院位于盐城市盐渎路与人民路交叉口，本项目为二期扩建工程。基地内部已建一期工程4栋楼，其中3栋为护理楼，1栋为聚龙湖医院。二期扩建工程为两栋高层建筑，其中一栋为17层综合楼，一栋为15层的护理楼。为提升福利院的整体建筑形象，将原建筑沿街5F聚龙湖医院进行立面改造，使之与新建筑整体风格协调。

（2）设计依据

①招标单位提供的招标文件及其资料。

②《江苏省城市规划管理技术规定》（2011版）。

③盐城市实施《江苏省盐城市规划管理技术规定》细则。

④《民用建筑设计通则》。

⑤《无障碍设计规范》。

⑥《老年住宅设计规范》。

⑦现行国家、省市相关工程设计规范、强制性标准。

（3）设计理念

通过对项目用地现状及场地条件的具体研究和分析，立足于区域地块的自然地理、水文及景观环境，尤其是建筑本身的主要服务人群的特殊性，拟打造一个多功能、人性化、修身养心的宜居场所。

6.3.2.2　研究报告

（1）建筑空间规划与平面布局

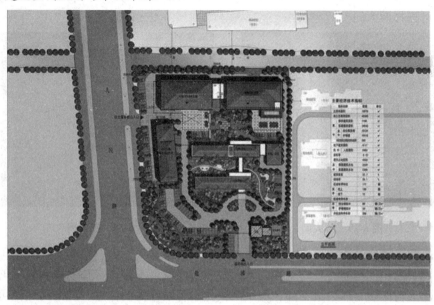

图 6-24　总平面图

图 6-25　鸟瞰图

图 6-26　沿街面

（2）建筑单体

图 6-27　建筑透视图

图 6-28　建筑透视图

（3）居住生活空间

①福利院有套间、单人间、两人间、三人间和开敞通铺供选择。主要为不同经济状况

和喜好的人提供丰富的选择，例如无子女老年人如果喜欢独处，可选择单人间，如果有要好的朋友，可选择两人间，如果不喜欢独处但又没有愿意一起住的人，就可以选择开敞通铺；夫妻可选择两人间。

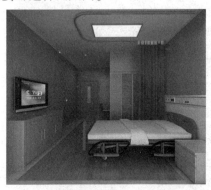
图6-29　单人间

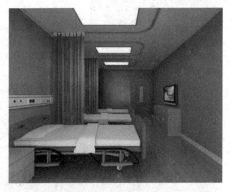
图6-30　三人间

　　②卫生间宜摆放凳子，洗浴间地面须防滑，做排水设计。据调查老年人在卫生间更容易发生事故，老年人尿频，体力下降，去卫生间的次数更多，每次在卫生间里呆的时间也更长，老年人动作慢，体力又下降，所以摆放凳子可以让他们休息。洗浴间地面可做间隙密的马赛克砖以防滑，当洗浴间里的喷洒冲到地面水足够多的时候，地面的防滑性就降低，所以四周做倾角且做排水处理。

图6-31　通铺床

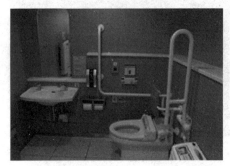
图6-32　卫生间

图6-33　卫生间

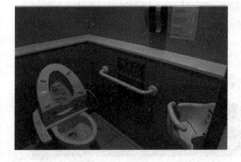
图6-34　卫生间

　　(4)康复护理空间
　　老年人不仅是要住下来生活，而且由于疾病或障碍，还需要康复和护理。

①康复训练。有心理干预室、认知功能训练室、多感官训练室、氧疗室、慢性疾病治疗室等。老年人的康复不同于正常人，在生理和行为上都有很大差异，例如，老年人的生理机能衰退，肌肉萎缩，在康复腿部时，不以锻炼和增强为目的，而是以恢复和保持为目标，这时老年人的康复器材就不能是健身房里的，康复楼梯的康复方式是通过一小段的楼梯使老年人的腿部得以锻炼，楼梯不能太长，这样锻炼时可以按照个人的身体状况适可而止(图6-35、图6-36)。

图 6-35　康复室

图 6-36　乒乓球室

②护理站。除了康复，对于长期不能自理或短暂性疾病治疗不能自理的人员需护理。每个楼层都有护理站，全时服务，及时护理或转移至最近医疗中心(图6-37、图6-38)。

图 6-37　护理站

图 6-38　观察窗

(5)餐饮娱乐空间(图6-39、图6-40)

图 6-39　食堂

图 6-40　棋牌室

(6)小结

本福利院考虑了老年人的生理特性及对居住环境的无障碍需求，按照《城市道路和建筑物无障碍设计规范》《老年住宅设计规范》和《国家建筑标准设计图集—建筑无障碍设计》设计，从目前建成以后的使用效果来看，无障碍设计是比较成功的，无障碍设施的维护也是比较到位的，福利院里的各个空间的无障碍设计都很周到且实用的。

6.3.3　Orpea 欧葆庭(南京仙林国际颐养中心)

调研地点包括：南京市仙林国际颐养中心(南京市栖霞区仙林大学城灵山北路 188 号)。

调研内容：涉及到老年人生活起居的物质无障碍(室内外空间无障碍设计和家具无障碍设计)和信息无障碍。

调研方法：访谈法和行为观察拍摄记录法。

6.3.3.1　设计说明

法国欧葆庭健康产业集团创立于 1989 年，是享誉欧洲的专业养老及康复医疗管理集团，规模及康复医疗水平在欧洲排名第一。截至 2013 年年底，该集团在法国、比利时、瑞士、西班牙和意大利共拥有 452 家各类康复医院、神经退行性疾病护理中心和高端养老机构，共有床位 43 287 张，集团于 2002 年分别在纽约和巴黎上市，2012 年营业额达 14.29 亿欧元。

针对拥有巨大需求的中国市场，法国欧葆庭集团选择南京作为中国首批业务拓展城市。仙林鼓楼医院是根据《南京市区域卫生规划》，在全市东部地区配建的综合性医疗设施，由基本医疗区和国际医疗、康复养老区、医学培训中心三大功能区组成。该医院目前注册资本为 3 亿元人民币，由仙林大学城管委会以现金出资，鼓楼医院以品牌、管理、技术等无形资产作价 20%，共同组建南京仙林鼓楼医院投资管理有限公司作为投资主体推进医院建设。经过前期考察比选和双方多轮洽谈，明确由欧葆庭集团承租仙林鼓楼医院二期康复中心建筑用于后期经营，租赁期 20 年。欧葆庭集团将投资 4.2 亿元，先期计划设立 180 张床位，建成能够接纳 153～220 名左右的失能或半失能老人的康复养老基地，预计 2015 年开业。该项目也将成为欧葆庭集团在中国建设营运的首个康复养老项目。

2014 年 3 月 27 日，欧葆庭、法国爱德思商业集团与南京仙林鼓楼医院投资公司在法国中央政府经济部签署了合作协议。这是国家主席习近平访问法国后两国之间签署的 50 个经贸合作项目之一。欧葆庭的中国落子之旅开始，也成为首个在中国拥有实体养老项目的法国企业。

关于南京项目收费标准，具体额度标准还未最终确定，但会"相当高"。参照欧葆庭在欧洲的收费标准，每月在 3 000～5 000 欧元，项目相关负责人说："中国项目的收费标准也介于此价格之间。""欧葆庭定位高端，让每位老人都享受一对一 24 小时的护理服务。而秉承的一大治疗原则是不过度使用药物，主要是通过增加医护人员数量来保证护理质量，而大量高水平的专业人员和设施配备就意味着成本高、费用高。"

6.3.3.2　研究报告

(1)专业优势与资源整合

①欧葆庭在对失能、半失能老人提供专业医疗护理方面具有 25 年执业经验。在集团

创始人、董事长让-克洛德·马里安博士看来，中国养老机构在照料失能老人方面目前仍有所缺失，而这可以给欧葆庭提供发挥优势的空间。

②欧葆庭与南京市公共服务社区以及鼓楼医院签订了合作协议，将在当地改建拥有180张床位的高端养老康复院。鼓楼医院作为合作机构为入住老人提供专业的医疗服务，如此优质的医疗服务本身就是稀缺的资源。

（2）项目选址与建筑规划

①欧葆庭定位高端，选择的城市一定要有消费能力，而中国最富庶的城市大都集中在长三角，政府对外资也更为开放，所以欧葆庭投资基本锁定在长三角地区。

②南京市仙林国际颐养中心环境优美，安静适合疗养，交通便利，入口处就有地铁站，且靠近城市机动车主干道（图6-41、图6-42）。

③在建筑空间规划上，a. 采用多层建筑多栋连廊式，周边有静谧的天然湖和葱郁的山林，为顾客提供优美安静的宜人环境（图6-43、图6-44）；b. 多层建筑以连廊相连，为顾客在各楼之间行走遮风挡雨。

④在建筑平面布局上，a. 依照需要不同看护程度的老年人进行布局，失能老人、重度残疾、康复人员分栋居住；b. 每栋楼设有医疗康复、娱乐休闲、健康居住等功能楼层。

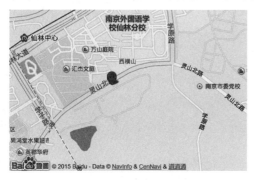

图6-41 地理位置

图6-42 入口

图6-43 周边环境

图6-44 周边环境

（3）小结

欧葆庭护理机构落户于南京仙林，定位高端。欧葆庭的多领域专家，为老人进行全方位的欧洲标准护理。此外，特有的法式人文关怀，尊重人格，倾听心声，让老人享受生活的优雅与尊严。欧葆庭始终坚持"关怀、尊重、独立",并与欧洲标准接轨,为入住老人提供舒适的环境,贴心关怀的服务和个性化的医护方案,旨在营造"家"的感觉。

本章小结

　　本章结合北京天开瑞祥不老山庄、北京延庆颐养园、上海阳光康复中心、美国太阳城养老社区、日本老年住宅,从老年人的生理特性、心理特性和行为特性的多个方面,阐述了当今无障碍环境设计注重人的需求,倡导无障碍设计的趋势,具体分析了无障碍设计策略在实践中的体现。通过注重无障碍设施的完善,标识系统设计,防灾设计等多个方面的设计对策与措施,充分体现了"以人为本"的设计思想。最后列举并分析了3个工程实践案例,无锡市南山慈善家园、盐城市社会福利院设计和欧葆庭南京仙林国际颐养中心。

第7章　国内外养老方式探究

中国正以前所未有的速度步入老龄社会。据预测，到21世纪中叶，我国老年人口总数将达到4.8亿，占到人口总数的30%。这意味着每3个中国人中就会有1个老人。

通过调研初步描绘出一幅未来"中国式养老"的图景：以居家为基础、社区为依托、机构为支撑，医养结合的养老服务体系基本建成，老年人多样化、多层次的服务需求得到有效满足；各类社会保障制度有机衔接，孤寡、失能、高龄、特困等老年人群体得到充分保障；孝亲敬老的传统文化得到传承和弘扬……

（1）专业服务——未来养老产业"必修课"

"养老护理不是家政服务，养老护理员也不是保姆。"吉林省长春市宽城区倚水家园老年护理院院长石雷表示，目前中国养老服务业专业化水平不高的现实影响着养老服务质量的提高。从发展趋势看，专业化将是养老机构的"必修课"。

调研发现，近年来全国养老机构标准化建设正加快推进，截至目前，已有《养老机构基本规范》《养老机构安全管理》和《老年人能力评估》等国家标准和《养老机构老年人健康评估规范》《老年照护等级评估要求》等地方标准。随着养老事业的发展，更多关于养老服务的标准将出台。

为老人翻身的频率、洗脚水的温度、义齿的清洁护理程序、梳子齿的形状……翻开长春市人力资源和社会保障局为定点养老机构编印的培训教材，每项养老护理规范和标准都设置得细致入微。广东东莞也针对养老服务制定了标准化的规范，从"抚摸老人手、肩部位"的日常护理细节，到"不允许随便给老人起绰号"的精神关照——列明。

无论从政策的顶层设计，还是各地的实践探索来看，专业化、标准化都将成为我国养老产业未来的发展方向。"这不仅将给老年人带来高质量的服务体验，还将为这个行业的发展带来整体的提高。"吉林省心理教育协会秘书长万恩认为，未来养老机构需要对护理员队伍进行专业化培训，并努力实现机构运行和服务内容标准化，一些行之有效的标准体系不仅可能成为行业"金标准"，甚至可能成为宝贵的无形资产。

（2）护理保险——未来老年人尊严的制度保障

目前，我国失能半失能老人已达3 500万。由于护理费用长期无法纳入医保，"一人失能、全家失衡"成为许多困难家庭的真实写照，也使许多失能老人无力保持最起码的尊严。近年来，一些地方以不同方式开始"试水"长期护理保险，或将成为老年人中"最困难群体"问题的"正解"。

"有了护理保险，很多花费都可以报销了，虽然老人没有工作，只是参加了居民医保，但这已经为我们减轻了不少经济负担。"69岁的山东青岛市民纪绿华说，自己94岁的老母亲能入住市老年护理院，得益于青岛市近年来实施的长期医疗护理保险制度。

青岛于 2012 年起，在全国首创长期医疗护理保险制度，填补了国内失能、半失能人员医疗护理保障的制度空白。2015 年 1 月起，这项制度的覆盖范围，还首次扩大到了农村失能人员。3 年来，共约 4 万人享受了护理保险待遇，支出护理保险资金 7.6 亿元，让很多老人有尊严地走完生命旅程。

从 2015 年 5 月起，吉林长春也开始正式实行失能人员医疗照护保险制度。目前已初步达到"患者减负担，医保少支付，机构得发展，服务更规范，就业增岗位"的效果。江苏省南京市民政局社会福利与社会事务处处长周新华认为，从各地实践看，建立护理险应当成为促进养老业发展的必由之路，也将使老年人更有保障、更有尊严。

7.1　居家养老

7.1.1　居家养老——多数人的选择

无论从情感还是现实来看，居家养老都将是未来"中国式养老"的主流。民政部表示"十三五"期间居家社区养老将成为政策投放的重点。

"落叶归根""少小离老大回"……体现出中国人对家的眷恋与坚守，记者调查发现，在家养老、享受天伦之乐仍然是大多数人心目中最理想的养老方式。另一方面，根据国家规划，到今年底每千名老人将拥有 30 张床位。这意味着，养老机构只能为 3% 的老人提供服务，而大多数老人只能选择居家养老。

国务院 2013 年发布的关于加快发展养老服务业的若干意见，为 2020 年我国养老规划的愿景是：全面建成以居家为基础、社区为依托、机构为支撑，功能完善、规模适度、覆盖城乡的养老服务体系。根据养老场所与居住方式的不同，可以分为居家养老和机构养老两种基本的类型。居家养老是一种与机构养老相对的养老方式。居家养老是指老年人居住在家中，而不是入住养老机构安度晚年。机构养老则是指将老年人集中在专门的养老机构中养老。

作为一种养老模式，居家养老近几年发展很快，理论研究也很多，但到目前为止还没有一个统一的定义。全国老龄委办公室、民政部等 10 部委发布的《关于全面推进居家养老服务工作的意见》认为："居家养老服务是指政府和社会力量依托社区，为居家的老年人提供生活照料、家政服务、康复护理和精神慰藉等方面服务的一种服务形式。它是对传统家庭养老模式的补充与更新，是我国发展社区服务建立养老服务体系的一项重要内容。居家养老就是老人以家庭为核心，社区为辐射点，政府和社会提供制度政策和资金的保障，为老人提供各种养老服务[1]。

家庭为老年人提供：①经济供养；②生活照料；③精神慰藉。居家养老和其他养老方式相比的优势：①熟悉的环境；②亲人的照料；③邻里的互相照看。

在"互联网＋"时代，智能化也极大提升了居家养老的质量。据民政部介绍，去年我国开展国家智能养老物联网应用示范工程试点工作以来，已通过开展老人定位求助、老人跌倒自动检测、痴呆老人防走失、老人行为智能分析等服务，探索养老机构对周边社区老人开展社会化服务的新模式。"只有利用社会化的机制才能实现风险共担和代际补偿，这样才能促进社会的稳定与和谐。"北京大学卫生政策与管理系教授刘继同认为，如果能在每个社区都培育一个多学科的养老服务团队，为老年人提供医疗保健康复、日间看护等服务，老年人在家就能住得安心。

7.1.2 住子女附近——"一碗汤"的距离

国外学者提出"一碗汤距离"的家庭养老理论，指子女从自己家中给老人住处送去一碗汤，到达老人家里时，热汤尚不变凉。它是一个既满足子女独立性要求，又能让老人得到较好照顾的合适距离。

7.2 机构养老

7.2.1 机构养老的现状

近年来，养老机构的"兜底"作用正日益强化。如北京市今年明确，除公办公营的养老机构全部床位用于接收政府兜底的基本养老服务保障对象外，公办民营、公建民营的养老机构也应至少留出 20% 的床位用于接收这类人群。上海市近年提出要将符合一定条件的养老机构的内设医疗机构纳入医保联网结算，通过医养结合方式为失能半失能老人提供保障。

虽然机构养老不是健康老人们的首选，但却可以为那些失能半失能老人提供专业化的服务。让"刚需"老人"有的进"，也要使更多老人"有的选"，这将是未来中国养老机构担负的"双重职责"。

无论是敬老院、福利院、养老院，还是老年公寓、护老院、疗养院……总之，如果经济不宽裕，可以入住公立养老院；如果"不差钱"，可以选择"高大上"的养老社区；如果喜欢家庭氛围，有居家式的养老机构；如果喜欢旅游，还有"移动式""候鸟式"的养老模式……可以预见，我国养老机构和养老模式将呈现多样化趋势，满足不同人群的不同养老需求。

7.2.2 机构养老面临的伦理问题

近日，前北大中文系主任温儒敏发微博透露，他的老同学、北大著名文学教授钱理群及其夫人即将入住养老院。据悉，钱理群教授这一决定的主要原因是其夫人罹病后，无法再长期照料二人生活。

这一消息再次触发人们对养老制度的思考，尤其在养老保障体系频现危机的当下。中国传统观念为何对养老院制度始终难以亲近？独生子女双职工家庭采取"居家养老"形式赡养老人具有可行性吗？在现代中国，子女前往大城市或国外发展的个人追求，和父母希望子女留在身边陪伴赡养的意愿，时常发生冲突，儒家对此怎么看？

按照传统观念，中国人对去养老院这件事并不感到那么亲切，总觉得是不太幸福的结局。由此引发的问题是，在日趋老龄化的中国社会，如何对待养老这件事？之前，政府的政策是"只生一个好，养老靠政府"。但由于近年养老和社会保障形势的加剧，政府改变了口径，成了"政府和你一起来养老"，这实际上就变成更多取决于你个人的经济收入水平。换句话说，如果你自己经济收入好，你就能找个条件比较好的养老院；但如果你是下岗工人，或是农村的老人，境况就比较尴尬了。

在这种情况下，很多学者重新提倡儒家传统的养老方式，即家庭养老。也就是在年老的父母失去劳动能力，尤其是生活自我照料能力之后，通过子女的照料、关怀，实现养老这一功能。和养老院相比，这种通过子女的孝顺达成赡养年老父母的"家庭式养老"的优点在于，它不是一种市场性关系，不是一种完全经济型的关系，它有感情在里面。比如，在一个五星级养老院，如果你给的钱足够，它能提供全方位的完善照顾，但那终究是顾客和服务者的关系，和子女对父母的照顾完全不一样。

如前所述，家庭式养老比市场化养老院的优越之处在于，它有情感维度。孔子对孝道有一个讲法，如果把赡养老人仅仅理解为使之有一种生活保障，这不叫养老，这和养动物没有什么区别。《论语》中的原文很尖锐，子曰："今之孝者是谓能养。至于犬马皆能有养，不敬何以别乎？"

在养老问题凸显的当下，我们重新来讲儒家对家庭、对父母、对子女的安排，其实不只是一种道德的要求，更事关社会的稳定，是对社会经济制度的一种综合性要求。在现实中，独生子女、双职工家庭常见四二一的家庭结构，以及随着国人居住流动性增加，都在挑战"居家养老"传统理念的可行性。例如，子女希望在大城市或者国外求学工作打拼，而父母希望子女回到家乡待在身边，这类矛盾如何解决？如今的中国也和西方社会一样，面临核心家庭（夫妻两人及未婚子女）日趋瓦解的现象。但这类问题，甚至包括主干家庭的疏远，并非完全无解。又如，新加坡就做过一些尝试，政府为了鼓励子女养老/居家养老，当子女在父母附近买房时会给予优惠政策。这可以算是面对现实做出的一些应对和改变。

有人从这个角度看待这一问题：西方人普遍接受养老院，中国人传统上更偏爱居家养老。当下中国社会的养老难题，有一部分是中国式儒家家庭观撞上倡导个人至上的西方价值观。请问您怎么看？这其中的确涉及现代社会的个人权利问题。像子女为了去大城市追求职业发展，而无法留在父母身边尽孝道，这在中国古代就会通过"父母在，不远游，游必有方"这类说法予以一定的限制。而现代人的价值观，可能更多考虑到个人的幸福、个人的权利、个人的自由。例如，会首先考虑到大城市有更多的发展机会，而宁愿做"北漂""沪漂"，不太会考虑对父母尽孝道的责任。

考虑到中国的现实，无论是"社区养老"还是"集中养老"，如果不能和子女，即家庭的第二代结合，其实都是很难落实的。归根结底，儒家提出的通过孝道来达到养老的功能，才是更便于操作的方式。儒家孝道在今天社会遇到的最大挑战是，我国目前没有为儒家式孝道养老提供更好的外部条件，同时也就为整个社会保障体系带来了很大的麻烦。孝道看起来似乎是一件个人的事，但实际上，如果没有更合适、更有利的社会经济平台，儒家通过孝道来养老的传统模式无法得到落实。而家庭养老如果能够更好地落实，事实上会对当前严峻而迫切的养老社会保障问题有很大的助益。这方面，国家和社会还有很多工作需要去做。

居家养老有市场化养老院所不能提供的情感维度。但居家养老如何提供专业的护理和服务，家人爱父母，然而照顾疾病缠身或仅仅因年迈而具有很多特性的老年人，需要各种专业技能和大量时间。家庭养老如何解决这方面的需求？

首先，我们提倡儒家的家庭养老，并非反对专业的照料和看护。关键在于，考量养老制度是以社会养老还是家庭养老为主导的时候，儒家认为应该以家庭养老为主导。在居家养老这种方式之下，可以采纳多种形式，包括雇请专业看护。

其次，国家的政策要做相应的调整。例如，家里在赡养老人，就可以给子女的工资减税，或者有一笔特殊的经费可以申请。即国家通过经济手段，来鼓励家庭养老。这种方式，要比整个社会投入大量金钱推行社会养老，成本更低，效果更好。这类做法在发达国家已有尝试。如前所述，新加坡对在父母附近买房的子女有价格优惠。还有日本，如果家里有不工作、专职照顾家属的家庭主妇，丈夫的薪水构成中就有一部分是专门用于"家族"的。

7.3　以房养老与以地养老

7.3.1　以房养老

以房养老，通俗地说就是依据拥有资源在自己一生最优化配置的理论，利用住房寿命周期和老年住户生存余命的差异，对广大老年人拥有的巨大房产资源，尤其是人们死亡后住房尚余存的价值，通过一定的金融或非金融机制的融会以提前套现变现，实现价值上的流动，为老年人在其余存生命期间，建立起一笔长期、持续、稳定乃至延续终生的现金流入。

以房养老的理念之下则聚集了众多的具体操办模式，倒按揭只是其中最为典型也最为复杂的一种，并非一定要将以房养老等同于倒按揭。据我们的广泛调研和深入研讨，以房养老的各种操作模式可分为金融行为和非金融行为，前者运作复杂，必须通过金融保险机构才得以顺利运营，包括倒按揭、售房养老和房产养老寿险等；后者的各种简易方法，则是老年人开动脑筋，再加上社会的有意倡导后，就完全可以自行操作，包括遗赠扶养、房产置换、房产租换、售房入院、投房养老、售后回租、招徕房客、异地养老、养老基地等。这些看上去大相径庭的做法，其实都可以实现以房养老的大目标。

7.3.2　以地养老——为农村养老"破题"

中国拥有世界上数量最大的农村人口，也拥有世界上最为复杂的农村养老问题。数据显示，中国农村老年人口已超过 1 亿，同时，留守老人的数量正逐年增多。除了没有子女在身边照料外，农村留守老人养老面临的最大难题就是没有退休金，他们只能靠土地维持生活，一旦失去劳动能力，也就失去了生活来源。

以土地流转支撑农村养老，即"以地养老"有望成为解决农民养老资金来源的一种重要方式。

"以地养老"探索已得到国家有关部门的首肯,具有乐观的发展前景。一部分学者认为,盘活农村土地、房屋、林权等资源,真正赋予农民更多财产权利,让农民能够实现"以地养老",将有助于破解中国农村的养老困境。

7.4　互助养老

7.4.1　老老介护(老老互助)——未来"中国式养老"的特色补充

"小老人"照顾"老老人",身体好的照顾身体弱的,邻里乡亲照顾留守、空巢老人……这种更强调普通百姓之间相互帮扶与慰藉的养老模式,将成为未来中国城乡居家和机构养老的特色补充。

除吉林外,在湖北武汉、山东烟台也有类似的互助养老的实践。"老年人最懂得老年人,他们之间心理距离最短,最易接受对方的帮助,最可能在互助中体现关爱,收获幸福。"吉林省社会科学院社会学研究所所长付诚认为,植根中国传统文化、符合中国发展实际,互助养老作为社区和农村养老的补充,必将成为未来"中国式养老"的一大特色。

对于同属儒家文化圈的中国和日本来说,居家养老无疑是最为主流的养老模式。然而,对于这一模式,中日却有着些许不同的理解。近日,日本中京大学现代社会学部教授野口典子在接受《中国建设报》记者专访时介绍了日本居家养老的现状和探索。"在日本,'老老介护'已经成为居家养老中的普遍现象。"野口典子介绍,所谓"老老介护",是指老年人照料护理老年人,两者的关系通常是配偶或子女。据日本政府主管社会养老服务的机构统计,2014 年,65 岁以上的老年人家庭中,65 岁以上老人互相护理的比例超过了54%。有的是65 岁以上的老人照料护理自己的老伴,也有的是65 岁以上的老人照料护理自己的八九十岁的高龄父母或岳父母。

"老老介护"的优点和缺点是同样显著的。对被照料的老年人来说,看护者与被看护者长年生活在一起,熟悉彼此的生活习惯,便于照顾对方。对社会来说,"老老介护"可以减少养老院及护理人员的数量,减少政府对养老设施的资金投入。然而,看护者因常年照顾老人,承受着巨大的生理和心理压力。加之日本少子化、超老龄化以及独居等现象的加剧,单纯的"家庭护理时代"正在遭遇着前所未有的挑战。"缓解这个问题,除了必要的社会福利和国家政策外,社区援助应该得到加强。"她表示,相比起医疗、年金、住宅等生活基础条件,老年人的心理和精神上的满足与充实也同样需要被重视。

具体来说,家对老人而言是一个寄托情感的地方,这里有他们熟悉的街坊邻居,能给他们带来认同感和归属感,在其中老人更容易找到生活的乐趣。在家中,老人并非是完全的被照料者,在力所能及的基础上老人还可以自我照顾,甚至还能为家庭以及社区作出自己的贡献、发挥余热。由此,不仅可以减轻社会养老负担,还能提高老人晚年生活质量,减轻他们的依赖感和被社会排斥感"现在一个常见的误区,就是大家觉得所有的老年人都需要照顾和帮助。其实有一部分能够自理的老人完全可以发挥自己的积极的作用。加强社区援助，不仅老年人生活得更加安心，年轻一代也看到他们积极回馈社会的姿态，也会对自己将来的老年生活有一些憧憬，有助于全社会养老体制和氛围的构建。"我们的介护宝机器人在走进家庭的同时，也走进社区，为社区的每一位老人提供生活便利，成为老人身边的"掌中宝"，子女身边的"小帮手"，为大家带来最真挚的便利与服务。

少子老龄化、未备先老、未富先老等问题困扰着传统的居家养老模式。同时，各种养老机构、养老地产如雨后春笋般不断涌现。"国内的养老院喜欢建成几千个床位甚至上万个床位的，这就容易变成老年人集中营。实际上大部分老年人都愿意在自己熟悉的社区生活。"

7.4.2　时间银行

当前"空巢老人"的数量不断增长，逐渐成为一个社会问题，他们的生活状况更应该受到全社会的关注。有关方面组建老年人互助服务中心，以社区为单位成立服务老年人的"时间银行"，倡导"服务今天，享受明天"的理念，采取"时间储蓄"的方式，让年轻人、准老年人以及身体健康的老人利用闲暇时间为"空巢老人"提供必要服务。

这些服务提供者的服务时间可由街道、社区有关部门记载下来，当他们需要服务的时候可提取自己累计的服务时间以获得其他服务人员的照料。同时，建议在社区内将老年福利设施作为整个居住区内公共服务设施的组成部分，与小区住宅建设同步规划、同步建造，并同步投入使用。社区医院应建立老人健康档案，为"空巢老人"定期体检并开设老年家庭病房，方便就医。此外，还可开办社区"老年心理诊所"，以排解老年人的心理问题。

南宁、南京、重庆等城市也零星出现了这种模式。目前，时间银行主要是依托于居民小区，重点的服务对象是老人。

7.5　候鸟式养老

候鸟式养老是一种特殊的养老生活，是像鸟儿一样随着气候变换选择不同的地域环境养老，就是随着季节变化，选择不同的地方旅游养老。作为一种新型的养老方式，候鸟式养老越来越受到各方的关注。

随着生活水平的提高，一些富裕起来的退休人群，尝鲜做起了"候鸟一族"。酷夏到来，"候鸟一族"飞去哈尔滨、大连、青岛等北方城市避暑，冬天则去海南、广州等南方城市"取暖过冬"。吃住在异地养老院，消费比单纯旅游或者异地购房划算许多。

7.6　医养结合

"医养结合"就是指医疗资源与养老资源相结合，实现社会资源利用的最大化。其中，"医"包括医疗康复保健服务，具体有医疗服务、健康咨询服务、健康检查服务、疾病诊治和护理服务、大病康复服务以及临终关怀服务等；"养"包括的生活照护服务、精神心理服务、文化活动服务。利用"医养一体化"的发展模式，集医疗、康复、养生、养老等为一体，把老年人健康医疗服务放在首要位置，将养老机构和医院的功能相结合，把生活照料和康复关怀融为一体的新型养老服务模式。

随着我国现阶段老龄化社会未富先老矛盾重重，由于一些"老年病"的常发、易发和突发性，患病、失能、半失能老人的治疗和看护问题困扰着千家万户。而现状却是——医疗机构和养老机构互相独立、自成系统，养老院不方便就医，医院里又不能养老，老年人一旦患病就不得不经常往返家庭、医院和养老机构之间，既耽误治疗，也增加了家属负担。医疗和养老的分离，也致使许多患病老人把医院当成养老院，成了"常住户"。"老人'押床'加剧了医疗资源的紧张，使真正需要住院的人住不进来。

到目前为止，已经有不少养老机构开始以发展"医养结合"为核心的服务模式。比如：恭和苑以老年人提供"医养结合、以养为主"为核心的健康养老专业服务，为长者提供持续的日常保健、健康促进、中医康复、养老护理及其他生活便利服务，秉承"尊重、朴诚、平等"的核心价值观，为住户提供个性化的专业服务，为不同需求的老人提供高品质的"医养结合"服务。

7.7　寺庙养老——精神寄托

自古以来，佛教中的"普渡众生"的理念，就与"养老、敬老、助老"的中华传统美德有相通之处。在宋代寺庙，就出现了收养贫病老人的居养院和安济坊。佛教的宗旨是慈悲为怀，普渡众生，让广大信徒往生后脱离苦海，在西方极乐世界得到生命的快乐轮回。

各国佛教参与敬老养老事业的历史十分久远。如在日本，最著名的就是福田思想和"四个院"的实践。"四个院"即指施药院、疗病院、悲田院、敬田院，其中的悲田院就是对鳏寡老弱的救助。而在受老龄化困扰的泰国，更是鼓励全国各地的佛教寺庙、基督教堂等宗教慈善机构积极介入养老福利事业。这些机构是目前泰国社会福利保障体系的顶梁柱。

在这样的背景下，寺院养老也在我国悄然兴起，被越来越多的人接受，而位于江苏省常州武进区的般若山慈山寺，就是在当地政府的支持下，由般若山宝林禅寺方丈慧闻法师响应国家相关政策，主持兴建的一处集慈善养老、禅医养生、临终关怀、往生极乐为一体的安养极乐世界，其声誉在江浙沪一带广为相传，深受肯定。

7.8　养老地产——保利养老地产新模式

2015 年 4 月，保利地产提出"全生命周期的绿色建筑"，指从项目规划、材料选用、项目施工、后期运营 4 个维度体现节能环保、绿色健康的绿色建筑理念。其中，后期运营提出的"全年龄段关怀"是保利地产的绿色战略中最亮眼的一笔。

7.8.1　社区适老化改造"三步走"

"全年龄段关怀"具体要求全面推进适老化社区建设。保利地产的适老化标准渗透于机构养老、居家养老、社区养老"三位一体"的养老战略之中。

第一步是机构养老。目前北京、上海、广州、成都、三亚等城市有6个养老机构"和熹会"，为失能、失智老人提供专业养老护理，也提供一部分健康养老公寓租赁经营。未来5～10年，"和熹会"将增加到50家。

第二步是今年提出的"居家养老"，让适老化、无障碍设计嵌入普通住宅精装修交付标准之中。"一个普通社区，从社区入口开始，到道路、园林、首层大堂、电梯厅、走廊，所有公共区域都要达到适老化要求。例如，入口不能出现台阶，走道有扶手、满足轮椅通行，电梯轿厢要方便轮椅使用者。回到家中，从老人使用的卫生间到老人居住的卧室都把适老化作为基本配置来做。"唐翔透露，今年将在广州开设全国首个"全生命周期绿色建筑"样板房，并将此作为保利地产未来的精装修交付标准，今明两年内就会有具体项目落地。

第三步是社区养老，将"健康小屋"推广到所有社区，包括已建好的社区。"健康小屋"提供老年人活动室、免费健康体检以及老年人日间照料服务。社区的服务将更加丰富和人性化，保利的社区O2O和PolyApp将成为保利养老地产社区服务的两大落脚点，"互联网＋房地产"将产生奇妙的化学反应。

如果不跟老人住在一起，机构养老可以满足你的需求，小区内设有养老公寓；如果跟老人同住，户内适老化设计方便老人居家养老，白天子女上班不放心，还可以把老人托付到社区养老中心去。"

7.8.2　让无障碍设计毫无违和感地融入普通社区

唐翔表示，过去开发商、设计院都不太重视适老化等无障碍设计，认为会增加设计难度造成不美观，这是一个误区，"适老化设计完全可以毫无违和感地融入到日常设计之中"。例如，降低开关位置，提高插头位置等都能实实在在的让老年人行动更加方便。

7.8.3　绿色建筑的本质是人性化和可持续

"绿色建筑讲求可持续发展。对绿色建筑的理解不能局限在表面上省了多少能源、控制了多少甲醛含量和有害气体，更重要的是体现'以人为本'，全方位满足客户需求"，唐翔说，"打造人性化、可持续发展的建筑环境，才是绿色建筑的本质"。

7.9　国外养老政策梳理

欧洲、美国和日本在20世纪就已经步入老龄化社会，在居家养老配套服务上有着较为丰富的经验，也许可以为我们提供一些借鉴。

7.9.1　瑞典：福利家政按需分配

根据瑞典法律，子女和亲属没有赡养和照料老人的义务，赡养和照料老人完全由国家来承担。经过半个世纪的努力，瑞典已建立起了比较完善的社会化养老制度。瑞典目前实行的有 3 种养老形式，即居家养老、养老院养老和老人公寓养老。据统计数据显示，截止到去年底，斯德哥尔摩市 65 岁以上的老年人共有 11.2 万人，占全市总人口的 14.2%，其中继续居住在自己家里颐养天年的大约为 10.27 万人；住在疗养院或养老院的有 6 400 人；此外，还有 2 900 人居住在随时能得到服务的老人公寓。

在瑞典，在养老院养老的一般是基本上失去生活自理能力的孤寡老人。在瑞典，养老院条件很不错，一人一间房，从吃饭到洗澡都有人照料。但缺少温情，人情味不够，瑞典老人不到万不得已一般是不会住进养老院的。

公寓养老是 20 世纪 70 年代在瑞典兴起的一种养老形式。它有点像中国国内的干休所，只是规模要小得多。由地方政府负责建造的老人公寓楼在瑞典又称"服务楼"，楼内设有餐厅、小卖部、门诊室等服务设施，并有专门人员为老人服务。不过，近一些年来，老人公寓养老已不再时兴，一些老人公寓又被逐渐改造为普通公寓。

瑞典政府眼下大力推行的是居家养老的形式，争取让所有的人在退休后尽可能地继续在自己原来的住宅里安度晚年，这主要是因为居家养老比较人性化，也很个性化，而且更能给人以安全感。社会福利事务的部门介绍，实行居家养老的关键是要建立一个功能齐全的家政服务网。目前，地方政府设立了 4 个家政服务区，为当地所有居家养老的老人提供日常生活所需要的全天候服务。这些服务包括个人卫生、安全警报、看护、送饭、陪同散步等，只要是日常生活需要的，都可以提供服务。居家养老的人凡有需要，都可以向当地主管部门提出申请。不过，主管部门要进行实地评估，在获得确认后，才会作出同意的决定。家政服务的次数和范围根据需要而定，有的是只提供一个月一次服务，有的则一天里要提供好几次服务。

瑞典各地方政府负责提供的家政服务虽说是福利性质的，但还是要收取一定费用。收费标准根据接受家政服务的老人的实际收入确定。因此，人们在要求家政服务时，还必须提供个人的收入信息。根据规定，老人们的收入不仅包括养老金，而且还包括退休后仍兼职的工资收入以及其他资本性收入。老人们也可以拒绝提供个人收入信息，但家政服务则按最高标准来收费。不过，即使最高标准的收费也远远低于市场收费标准。据了解，瑞典越来越多的地方政府开始把家政服务承包给私营公司经营。

7.9.2　美国：高科技替代不了好邻居

据调查，美国 85% 的老年人都希望能在家中养老，不愿被送到养老机构。"家中养老"的理念在美国十分盛行，其中既有老年人喜欢独居的原因，也有客观因素。

2006 年，美国洛杉矶遭受罕见热浪袭击，导致 100 多人死亡，其中多数是独居老人。为了更好地照顾独居老人，特别是体弱和高龄老人，美国社区开辟了各种老人服务项目，其中包括送饭上门、送医上门、送车上门、定期探望、电话确认、紧急救助等，而且许多服务是免费的。

阿凯纳姆市政府还为老人提供了白天"寄养"服务，即老人可以白天到老人院或其他服务中心会朋访友，参加各种娱乐活动，午饭由政府免费提供。到晚上，老人再返回各自住所。这既可让老人避免孤独，也可照顾老人希望无拘无束的要求。美国很多社区还组织志愿者到老人院服务，志愿者除了照顾老人洗澡穿衣、服药外，还陪老人聊天，为老人读报，帮助老人消除孤独感。但一旦独居老人突然发生意外，需要紧急帮助时，如何才能及时发现并采取救助措施？目前美国正在试图通过高科技手段来解决这一问题，这一手段就是通过一种全新监测系统，该系统由一个与互联网连接的电脑、电视界面、电话和一系列传感器组成。这些传感器被精心放置在老年人活动的关键地点，如浴室、厨房、入口和卧室，用来监视老人家中情况并记录他们的行为。如果家里一段时间没动静或房门传感器在异常时间关闭，系统就会向家人发出警报。通过电视界面，家人可以给老人发送短消息、天气预报、幽默笑话或者温馨的家庭相片。依靠这一系统，即使相隔千里，老人也能和家人经常交流。

当然，再好的科技设备也代替不了亲情关怀和邻里关照。鉴于美国亲人疏远、邻里冷漠现象十分严重，美国洛杉矶公众广播电台曾发起了向邻里送友情活动。在电台制作的小节目中，演员们扮成邻里，相互走访、相互帮助。主办者说，举办这一活动的目的就是促使美国人改变老死不相往来的生活习惯，主动地去和生活在你身边的人打交道，比如不时地敲敲邻居的门，看看他们是否需要帮助，有空的时候一起聊聊天。特别是对独居的老人，街坊邻里更应该主动地送去关怀和帮助。

7.9.3 日本：生活照顾与心理呵护并重

"创造让接受居家护理的老人们安心、让想发挥余热的老人们实现梦想的社区环境，是居家养老的目标。"中部学院大学讲师朝仓美江在《居家养老支援的今天明天》一书中写道。

在日本，居家养老非常受欢迎，非常重要的原因就是社区服务周到细致，相对完善，能够让老人发挥余热。

（1）让卧床不起的老人安心

"我们的特色是24小时全天候对应。在家接受护理的老人如有紧急需要，可以随时来电。我们会尽快派专业护理人员过去。"东京东村山市白光园老人护理设施护理员站站长井泽女士告诉记者。

由于面临病床紧张、医护人员不足等问题，日本政府从2000年开始实行护理保险制度。"脱离医院，让老人回归社区，回归家庭"是这项保险的目的。国民每年缴纳3 000日元（约合120元人民币）就可以在65岁后接受这项保险提供的服务。卧床不起无法自理或者患有痴呆的老年人不用去医院，就可以在家接受护理。

护理保险制度由日本厚生劳动省牵头，地方政府的高龄福祉部门主管，各地居家护理支援中心、社会福祉联合会等官方和民间团体负责具体实施。白光园就属于这样的机构。目前，居家养老支援中心等机构已经遍布日本全国各地。

除了提供24小时护理员派遣服务外，还会安排医生护士家访、老年日托、巡回入浴车、轮椅借贷、派送尿布等服务。

在家接受护理的老人需要关照，他们的家属也需要慰劳。"为了对这些家属表示慰问，我们每年送给他们3 000日元的餐饮券或者温泉券。"东京台东区高龄福祉课的负责人告诉记者。

此外，高龄福祉课还承接为老人们改装房子的咨询服务。加入护理保险的老人提出请求后，福祉课会安排房屋改装人员在房间的过道、浴室、灶台等处安装栏杆和把手。很多日本房屋是二层结构，对坐轮椅的老人来说上楼就成了大问题。这时，改装人员还会根据老人的要求建造坐着轮椅就可上台阶的特殊电梯。

（2）让健康的老人发挥余热

身体健康但是空巢无助的老人也是高龄福祉课重点关照的对象。

在日本，孩子们成立了自己的小家庭后，往往脱离父母单独生活。独居老人面临诸多生活难题，比如吃饭。"对于很多老人来说，买菜、做饭很困难。我们提供了送饭上门服务。由专业营养师设计菜谱，在保证老人饮食平衡的同时，尽量少放盐和糖。"

吃饭、洗浴等都只是满足了老人们基本的生活需求，空巢老人们更需要的是心理上的呵护。

台东区高龄福祉课为了排解老人们的寂寞，设立了友爱访问员派遣制度。"友爱访问员都是社区内的志愿者，大概100多人。每人平均负责一位老人，每周去老人家里三次。很多访问员都是提着水果到老人家串门聊天。因为是长期志愿活动，访问员和老人之间建立了深厚的感情，胜似亲人。"台东区高龄福祉课的工作人员告诉记者。

出乎记者的意料，这些志愿访问员平均年龄超过了70岁，而受访者大多是80岁左右的老人。

"年轻人工作缠身，很少参加这样的志愿活动。即使参加了，和受访者的年龄差距过大，有时很难聊到一块儿去。倒是年龄差不多的访问员让受访者感觉很放松。"工作人员解释。和比自己年长的老人交流，给他们带去心理上的安慰，也让本也是高龄者的友爱访问员们体会到了自身的价值。

还有些老人喜欢和孩子们交流。其实，幼儿园等机构也盼着老人们的到来。"有一技之长的老人到幼儿园做志愿者，孩子们高兴，老人们自己也感觉回到了童年。今后，如何在社区内推动保育园和老人们的互动，是我们的努力方向之一"。一家保育园的负责人野手女士告诉记者。

7.9.4　各国养老体系比较

全世界的养老金体系各不相同，让我们挑选几个国家，进行比较研究。

（1）荷兰

据有关报道说，荷兰的养老金体系仍然是全世界最好的。由美世咨询公司和墨尔本大学共同制定的墨尔本美世全球养老金指数排名中，荷兰排名领先。瑞士、瑞典也排名靠前。荷兰的养老金计划参与程度非常高，90%的职工都有累积退休金，实际养老金发放金额也比其他国家高，有较大的基金储备。

（2）美国

美国养老金体系为公私混合体系，由两个核心部分组成，社会保障和个人退休账户。美国养老体系的优势在于，通过公共和私有基金相结合来为退休人士提供高标准的生活。

（3）英国

英国的社会保障制度最早可以追溯到 1601 年的《济贫法》，1908 年，英国首次通过《养老金法案》，1942 年经济学家威廉·贝弗里奇发表了《社会保险及相关服务》，第二次世界大战以后英国逐步成为养老保险体系做为基石的福利国家。目前英国养老体系由三支柱构成，第一支柱的国家基本养老金是英国在保障劳动者基本权益方面的国家政策底线之一，体现着社会福利的普遍性原则。国家基本养老金的资金来源是雇员和雇主的缴费。第二支柱是职业养老金，职业养老金是由私人和公共部门的雇主给雇员提供的，包括确定受益型确定缴费型和两者混合型 3 种计划类型。第三支柱指私人养老金、养老储蓄和个人寿险。

（4）瑞典

瑞典体系最值得关注的特点之一是，养老金收益金每年进行调整，随着预期寿命、通胀及投资回报率的变化而波动。瑞典的养老金体系是公共体系和私有体系的混合体。瑞典的养老金体系有两大支柱，国家退休养老金和职业养老金。国家退休养老金分为 3 个部分，担保养老金，收入养老金，以及保费养老金。职业养老金是准强制养老金，由雇主提供资金，作为员工薪酬的一部分。

（5）法国

在法国，可享受退休的法定年龄是 60 周岁，但是法律同时又规定，受薪者必须交满160 个季度的养老保险费，才能享受全额退休金。也就是说，只有从 20 岁起不间断地工作整整 40 年，才有希望在 60 岁退休时领取全额退休金。而这样的条件在法国很少有人能够做到，因为只有那些不上大学，早年就停学做工的人，才有希望 60 岁时享受全额退休金。一般人至少要到 23 岁左右，才能完成基本高等教育，所以相当多的人为了拿到全额退休金，60 岁后仍需继续工作。如果没有交满 160 个季度的养老保险费而在 60—65 岁之间申请退休，每缺一个季度就会被扣除一定的份额。

（6）德国

目前德国的社会养老保险体系由公职人员养老保险制度、职工养老保险制度和农民养老保险制度共同构成，其中职工养老保险制度是主体。养老金的标准由参保人的报酬积分和养老金现值共同决定，其中养老金现值全国统一，一年一定。报酬积分取决于个人缴费期内历年工资收入与全国比值之和。个人缴费水平越高，缴费期限越长，预期获得的养老金就越多。养老保险基金实行现收现付制度，退休金依原工资等级和地区等级而定，达到退休年龄并缴纳 30 年以上养老保险费者可以领取老年和残疾保险津贴。

（7）加拿大

加拿大养老金制度体系主要由三重保障组成，即加拿大养老金与老年金、老年金补贴、个人登记退休储蓄计划。加拿大的养老保障体系与美国、澳大利亚等极为相似，属于典型的"三支柱结构"，一是政府收入保障计划；二是雇主主办的养老金计划，即企业年金；三是个人储蓄性计划。

（8）澳大利亚

澳大利亚养老金体系主要由 3 个层次构成：第一层次，政府养老金，政府养老金是指政府向无收入者或低收入的退休雇员提供基本生活和养老保障，覆盖面广但保障水平低。第二层次，私营养老金，私营养老金是通过立法强制实施并给予税收优惠的一项社会保障制度。雇主按雇员的一定工资比例缴费，没有收入的人不享有私营养老金，但雇员可为无收入的配偶缴费，并享受部分税收减免。第三层次是个人储蓄，在大力发展政府养老金和私营养老金的同时，澳大利亚非常重视对个人储蓄必要性和家庭保障功能的教育，积极鼓励雇员增加个人储蓄，更多地依靠个人和家庭来保障退休后的生活，这就构成了第三层次养老金。

本章小结

本章主要是老年人的心理特性研究，具体研究内容包括：采用调查问卷对我国老年人的心理需求现状进行调查研究；对老年人常见的心理特性进行分类；论述了老年人的心理发展过程。以上研究内容及其结论为课题研究提供理论依据。

针对老年人特殊的心理特性，无障碍设计的对策有两个方面：一方面是通过有形的物质技术和设计方法，来补偿其在生活中的不便和营造出适合的空间氛围；另一方面是通过提倡社会创造出一种氛围，这种氛围能够令老年人积极地面对生活，如残运会、残疾人表演，找到一种途径和方法，使老年人通过自身努力在某些方面做到比常人更好，使老年人可以真正战胜自卑，大众也会转而发自内心尊重他们。

参考文献

长谷川和夫，霜山德尔．1985．老年心理学[M]．哈尔滨：黑龙江人民出版社．

陈柏泉．2004．从无障碍设计走向通用设计[D]．北京：中国建筑设计研究院．

陈功．2003．我国养老方式研究[M]．北京：北京大学出版社．

陈杏铁，张正义．2003．老年社会工作[M]．北京：中国人民大学出版社．

程学超，王洪美．1986．老年社会学[M]．济南：山东教育出版社．

褚福灵．2006．社会保障国际比较[M]．北京：中国劳动社会保障出版社．

（丹麦）克莱尔·库柏·马库斯．2001．人性场所[M]．俞孔坚译．北京：中国建筑工业出版社．

（丹麦）扬·盖尔．1992．交往与空间[M]．何人可译．北京：中国建筑工业出版社．

迪特里克．2008．老年社会工作：生理、心理及社会方面的评估与干预[M]．2版．隋玉杰译．北京：中
　国人民大学出版社．

杜鹏．2006．人口老龄化与老龄问题[M]．北京：中国人口出版社．

姜向群．2005．老年社会保障制度[M]．北京：中国人民大学出版社．

老年生理变化及特征．2008．http：//topic．xywy．com寻医问药网．

李兵，张恺悌．2010．中外老龄政策与实践[M]．北京：中国社会出版社．

张琲，李晓．2009．无障碍家具设计评估体系探析[J]．包装工程，30(3)：124–126．

李鑫．2007．面向残疾人使用的公共建筑无障碍设计研究[D]．合肥：合肥工业大学．

李志民．2009．无障碍建筑环境设计[M]．武汉：华中科技大学出版社．

刘荣才．2005．认识老年心理特点[M]．武汉：华中师范大学出版社．

刘荣才．2005．认识老年心理特点 提高老年健康水平//陈吉昆．老龄工作理论与实践[M]．武汉：华中师
　范大学出版社．

刘渝林．2007．养老质量测评——中国老年人口生活质量评价与保障制度[M]．北京：商务印书馆．

刘羽．2009．肢体残障人士的无障碍家具设计实践[J]．包装工程，30(6)：105–107．

明秀．1997．心理老化的15种表现[J]．北京：北京成年教育．

彭聃龄．2004．普通心理学[M]．北京：北京师范大学出版社．

彭希哲，梁鸿，程远．2006．城市老年服务体系研究[M]．上海：上海人民出版社．

亓育岱．2004．老年人建筑设计图说[M]．济南：山东科学技术出版社．

（日）高桥仪平．2003．无障碍建筑设计手册——为老年人和残疾人设计建筑[M]．陶新中译．北京：中国
　建筑工业出版社．

（日）田中直人，岩田三千子．1990．标识环境通用设计——规划设计的108个视点[M]．王宝刚，等译．
　北京：中国建筑工业出版社．

（日）野村欢．1990．为残疾人及老年人的建筑安全设计[M]．北京建筑设计院技术情报所摘译．北京：中
　国建筑工业出版社．

沙莲香．2002．社会心理学[M]．北京：中国人民大学出版社．

宋宝安，等．2009．当代中国老龄群体社会管理问题研究[M]．北京：中国社会科学出版社．

宋端树，张琲.2008. 残障人士室内家具的需求与人性化分析[J]. 包装工程，29(7)：164－167.

天津大学.1981. 公共建筑设计原理[M]. 北京：中国建筑工业出版社.

田玉梅.2003. 残疾人和老年人的居住空间无障碍研究[D]. 天津：天津科技大学.

王玲.2009. 浅谈老年人厨房的无障碍设计[J]. 广西轻工业(7)：109－110.

王文静.2002. 无障碍导向系统设计浅谈[J]. 艺术与设计(2)：49－51.

邬沧萍，杜鹏.2012. 老龄社会与和谐社会[M]. 北京：中国人口出版社.

邬沧萍，姜向群.2005. 老年学概论[M]. 北京：中国人民大学出版社.

邬沧萍，姜向群.2006. 老年学概论[M]. 北京：中国人民大学出版社.

阎坤.2000. 中国养老保障制度研究[M]. 北京：中国社会科学出版社.

杨心德.2001. 老年心理障碍[M]. 上海：上海三联出版社.

姚远.2001. 中国家庭养老研究[M]. 北京：中国人口出版社

于家权.1996. 埃里克森人格发展理论的启示[J]. 中国电大教育(6)：21－24.

曾毅.2010. 老年人口家庭、健康与照料需求成本研究[M]. 北京：科学出版社.

詹姆斯·霍姆斯-西德尔.2002. 无障碍设计[M]. 大连：大连理工大学出版社.

张恺悌，夏传玲.1995. 老年社会科学研究综述[J]. 社会学研究(5)：102－113.

张丽.2008. 残疾人社会支持应对方式和生活满意的关系[J]. 中国康复理论与实践(9)：97－98.

张敏言，张小平.2008. 家具设计中的无障碍设计探析[J]. 艺术与设计(理论)(4)：179－180.

张蕾，张品.2003. 老年人居住空间中卫生间无障碍系统设计的研究[J]. 包装工程(6)：94－95.

郑功成.2000. 社会保障学[M]. 北京：商务印书馆.

中华人民共和国建设部.1999. 住宅设计规范[M]. 北京：中国建筑工业出版社.

周文麟.2000. 城市无障碍环境设计[M]. 北京：科学出版社.

周燕珉.2011. 老年住宅[M]. 北京：中国建筑工业出版社.

Francesca Weal. 1990. Assisted living housing for the disabled[M]. Van Nostrand Reinhould Company.

Francesca Weal. 1956. Housing for the disabled[M]. France.

附录 A 无障碍环境建设条例

第一章 总则

第一条 为了创造无障碍环境，保障残疾人等社会成员平等参与社会生活，制定本条例。

第二条 本条例所称无障碍环境建设，是指为便于残疾人等社会成员自主安全地通行道路、出入相关建筑物、搭乘公共交通工具、交流信息、获得社区服务所进行的建设活动。

第三条 无障碍环境建设应当与经济和社会发展水平相适应，遵循实用、易行、广泛受益的原则。

第四条 县级以上人民政府负责组织编制无障碍环境建设发展规划并组织实施。

编制无障碍环境建设发展规划，应当征求残疾人组织等社会组织的意见。

无障碍环境建设发展规划应当纳入国民经济和社会发展规划以及城乡规划。

第五条 国务院住房和城乡建设主管部门负责全国无障碍设施工程建设活动的监督管理工作，会同国务院有关部门制定无障碍设施工程建设标准，并对无障碍设施工程建设的情况进行监督检查。

国务院工业和信息化主管部门等有关部门在各自职责范围内，做好无障碍环境建设工作。

第六条 国家鼓励、支持采用无障碍通用设计的技术和产品，推进残疾人专用的无障碍技术和产品的开发、应用和推广。

第七条 国家倡导无障碍环境建设理念，鼓励公民、法人和其他组织为无障碍环境建设提供捐助和志愿服务。

第八条 对在无障碍环境建设工作中作出显著成绩的单位和个人，按照国家有关规定给予表彰和奖励。

第二章 无障碍设施建设

第九条 城镇新建、改建、扩建道路、公共建筑、公共交通设施、居住建筑、居住区，应当符合无障碍设施工程建设标准。

乡、村庄的建设和发展，应当逐步达到无障碍设施工程建设标准。

第十条 无障碍设施工程应当与主体工程同步设计、同步施工、同步验收投入使用。新建的无障碍设施应当与周边的无障碍设施相衔接。

第十一条 对城镇已建成的不符合无障碍设施工程建设标准的道路、公共建筑、公共交通设施、居住建筑、居住区，县级以上人民政府应当制定无障碍设施改造计划并组织实施。

无障碍设施改造由所有权人或者管理人负责。

第十二条　县级以上人民政府应当优先推进下列机构、场所的无障碍设施改造：

（一）特殊教育、康复、社会福利等机构；

（二）国家机关的公共服务场所；

（三）文化、体育、医疗卫生等单位的公共服务场所；

（四）交通运输、金融、邮政、商业、旅游等公共服务场所。

第十三条　城市的主要道路、主要商业区和大型居住区的人行天桥和人行地下通道，应当按照无障碍设施工程建设标准配备无障碍设施，人行道交通信号设施应当逐步完善无障碍服务功能，适应残疾人等社会成员通行的需要。

第十四条　城市的大中型公共场所的公共停车场和大型居住区的停车场，应当按照无障碍设施工程建设标准设置并标明无障碍停车位。

无障碍停车位为肢体残疾人驾驶或者乘坐的机动车专用。

第十五条　民用航空器、客运列车、客运船舶、公共汽车、城市轨道交通车辆等公共交通工具应当逐步达到无障碍设施的要求。有关主管部门应当制定公共交通工具的无障碍技术标准并确定达标期限。

第十六条　视力残疾人携带导盲犬出入公共场所，应当遵守国家有关规定，公共场所的工作人员应当按照国家有关规定提供无障碍服务。

第十七条　无障碍设施的所有权人和管理人，应当对无障碍设施进行保护，有损毁或者故障及时进行维修，确保无障碍设施正常使用。

第三章　无障碍信息交流

第十八条　县级以上人民政府应当将无障碍信息交流建设纳入信息化建设规划，并采取措施推进信息交流无障碍建设。

第十九条　县级以上人民政府及其有关部门发布重要政府信息和与残疾人相关的信息，应当创造条件为残疾人提供语音和文字提示等信息交流服务。

第二十条　国家举办的升学考试、职业资格考试和任职考试，有视力残疾人参加的，应当为视力残疾人提供盲文试卷、电子试卷，或者由工作人员予以协助。

第二十一条　设区的市级以上人民政府设立的电视台应当创造条件，在播出电视节目时配备字幕，每周播放至少一次配播手语的新闻节目。

公开出版发行的影视类录像制品应当配备字幕。

第二十二条　设区的市级以上人民政府设立的公共图书馆应当开设视力残疾人阅览室，提供盲文读物、有声读物，其他图书馆应当逐步开设视力残疾人阅览室。

第二十三条　残疾人组织的网站应当达到无障碍网站设计标准，设区的市级以上人民政府网站、政府公益活动网站，应当逐步达到无障碍网站设计标准。

第二十四条　公共服务机构和公共场所应当创造条件为残疾人提供语音和文字提示、手语、盲文等信息交流服务，并对工作人员进行无障碍服务技能培训。

第二十五条　举办听力残疾人集中参加的公共活动，举办单位应当提供字幕或者手语服务。

第二十六条　电信业务经营者提供电信服务，应当创造条件为有需求的听力、言语残疾人提供文字信息服务，为有需求的视力残疾人提供语音信息服务。

电信终端设备制造者应当提供能够与无障碍信息交流服务相衔接的技术、产品。

第四章　无障碍社区服务

第二十七条　社区公共服务设施应当逐步完善无障碍服务功能，为残疾人等社会成员参与社区生活提供便利。

第二十八条　地方各级人民政府应当逐步完善报警、医疗急救等紧急呼叫系统，方便残疾人等社会成员报警、呼救。

第二十九条　对需要进行无障碍设施改造的贫困家庭，县级以上地方人民政府可以给予适当补助。

第三十条　组织选举的部门应当为残疾人参加选举提供便利，为视力残疾人提供盲文选票。

第五章　法律责任

第三十一条　城镇新建、改建、扩建道路、公共建筑、公共交通设施、居住建筑、居住区，不符合无障碍设施工程建设标准的，由住房和城乡建设主管部门责令改正，依法给予处罚。

第三十二条　肢体残疾人驾驶或者乘坐的机动车以外的机动车占用无障碍停车位，影响肢体残疾人使用的，由公安机关交通管理部门责令改正，依法给予处罚。

第三十三条　无障碍设施的所有权人或者管理人对无障碍设施未进行保护或者及时维修，导致无法正常使用的，由有关主管部门责令限期维修；造成使用人人身、财产损害的，无障碍设施的所有权人或者管理人应当承担赔偿责任。

第三十四条　无障碍环境建设主管部门工作人员滥用职权、玩忽职守、徇私舞弊的，依法给予处分；构成犯罪的，依法追究刑事责任。

附录 B　日本养老服务评价标准要素汇总表

内容	细目	项目数量	内容	细目	项目数量
日常生活服务	膳食	6	其他服务	入院及出院服务	6
	沐浴	4		居家帮助	2
	排泄	5	与相关业务单位的协作	医疗机构	4
	避免长期卧床	3		区域性福祉机构	3
	自力协助	2		其他机构	2
	外出或外宿协助	2		宣传活动	2
	交流	2	设施设备与环境	设施设备	8
	娱乐活动	3		环境	3
	为痴呆老人提供的服务	6	经营管理	职工培训	6
				记录与检查	2
	使用者指定的评价项目	6		私生活	2
				应急预案	1
特殊服务	护理/介护	8		会议	1
	康复	5		突发事件应对	1
	社会服务	5			

附录 C　我国养老服务业国家标准、行业标准汇总表
（按照标准号/计划号排序）

序号	标准号(计划号)	标准名称	标准性质	标准级别	状态	分布领域
1	GB/T 50340—2003	《老年人居住建筑设计标准》	推荐性	国家标准	已发布	支撑保障
2	GB/T 29353—2012	《养老机构基本规范》	推荐性	国家标准	已发布	服务管理
3	20076440-T-314	《养老机构服务标准体系要求、评价与改进》	推荐性	国家标准	制定中	服务管理
4	20076441-T-314	《养老机构服务标准体系》	推荐性	国家标准	制定中	服务管理
5	20076442-T-314	《养老机构等级划分与评定》	推荐性	国家标准	制定中	服务管理
6	20076443-T-314	《养老机构老年人健康评估服务规范》	推荐性	国家标准	制定中	服务管理
7	20076444-T-314	《养老机构医务室服务质量控制规范》	推荐性	国家标准	制定中	服务管理
8	20076445-T-314	《养老机构院内感染控制规范》	推荐性	国家标准	制定中	服务管理
9	20090119-T-314	《社区居家养服务基本规范》	推荐性	国家标准	制定中	服务管理
10	MZ 008—2001	《老年人社会福利机构基本规范》	强制性	行业标准	已发布	服务管理
11	MZ/T 032—2012	《养老机构安全管理》	推荐性	行业标准	已发布	服务管理
12	MZ/T 001—2013	《老年人能力评估》	推荐性	行业标准	已发布	基础通用
13	JGJ 122—1999	《老年人建筑设计规范》	强制性	行业标准	已发布	支撑保障
14	20120699-T-314	《养老机构分类与命名》	推荐性	国家标准	制定中	基础通用
15	MZ 2012-T-011	《养老机构设施设备配置》	推荐性	行业标准	制定中	支撑保障
16	建标 143—2010	《社区老年人日间照料中心建设标准》	推荐性	行业标准	已发布	支撑保障
17	建标 144—2010	《老年养护院建设标准》	推荐性	行业标准	已发布	支撑保障

附录D　我国养老服务业地方标准汇总表
（按照标准号排序）

序号	标准号	标准名称	发布地区	标准性质	状态	分布领域
1	DB11/T 148—2008	《养老机构服务质量规范》	北京市	推荐性	已发布	服务管理
2	DB11/T 149—2008	《养老机构院内感染控制规范》	北京市	推荐性	已发布	服务管理
3	DB11/T 219—2004	《养老机构服务质量星级划分与评定》	北京市	推荐性	已发布	服务管理
4	DB11/T 220—2004	《养老机构医务室服务质量控制规范》	北京市	推荐性	已发布	服务管理
5	DB11/T 303—2005	《养老机构标准体系要求、评价与改进》	北京市	推荐性	已发布	服务管理
6	DB11/T 304—2005	《养老机构标准体系技术标准、管理标准和工作标准》	北京市	推荐性	已发布	服务管理
7	DB11/T 305—2005	《养老机构老年人健康评估服务规范》	北京市	推荐性	已发布	服务管理
8	DB13/T 1194—2010	《医院、养老院、福利院、幼儿园消防安全"四个能力"建设指南》	河北省	推荐性	已发布	服务管理
9	DB13/T 1185—2010	《养老机构服务质量规范》	河北省	推荐性	已发布	服务管理
10	DB31/T 461—2009	《社区居家养老服务规范》	上海市	推荐性	已发布	服务管理
11	DB32/T 482—2001	《社区服务养老服务规范》	江苏省	推荐性	已发布	服务管理
12	DB32/T 1644—2010	《居家养老服务规范》	江苏省	推荐性	已发布	服务管理
13	DB3301/T—2008	《居家养老服务与管理规范》	杭州市	推荐性	已发布	服务管理
14	DB35/T 1104—2011	《社区居家养老服务规范》	福建省	推荐性	已发布	服务管理
15	DB37/T 1111—2008	《家政服务居家养老服务质量规范》	山东省	推荐性	已发布	服务管理
16	DB37/T 1598.1—2010	《家政培训服务规范第1部分：居家养老》	山东省	推荐性	已发布	服务管理
17	DB41/T 595—2009	《养老护理员等级规定及服务规范》	河南省	推荐性	已发布	基础通用
18	DB63/ 944.5—2010	《消防安全四个能力建设第5部分：医院、养老院、福利院、幼儿园》	青海省	推荐性	已发布	服务管理
19	DB64/T 592—2010	《医院、养老院、福利院、幼儿园消防安全"四个能力"建设标准》	宁夏回族自治区	推荐性	已发布	服务管理

附录 E　社区老年人日间照料中心建设标准

第一章　总　则

第一条　为加强和规范社区老年人日间照料中心的基础设施建设，提高工程项目决策和建设管理水平，充分发挥投资效益，推进我国养老服务事业的发展，制定本建设标准。

第二条　本建设标准是社区老年人日间照料中心建设项目决策和合理确定建设水平的全国统一标准，是编制、评估和审批社区老年人日间照料中心项目建议书的依据，也是有关部门审查工程初步设计和监督检查建设全过程的重要依据。

第三条　本建设标准适用于社区老年人日间照料中心的新建工程项目，改建和扩建工程项目可参照执行。

本建设标准所指社区老年人日间照料中心是指为以生活不能完全自理、日常生活需要一定照料的半失能老年人为主的日托老年人提供膳食供应、个人照顾、保健康复、娱乐和交通接送等日间服务的设施。

第四条　社区老年人日间照料中心建设必须遵循国家经济建设的方针政策，符合国家相关法律法规，从老年人实际需求出发，综合考虑社会经济发展水平，因地制宜，按照本建设标准的规定，合理确定建设水平。

第五条　社区老年人日间照料中心建设应满足日托老年人在生活照料、保健康复、精神慰藉等方面的基本需求，做到规模适宜、功能完善、安全卫生、运行经济。

第六条　社区老年人日间照料中心建设应与经济、社会发展水平相适应，纳入国民经济和社会发展规划，统筹安排，确保政府资金投入，其建设用地应纳入城市规划。

第七条　社区老年人日间照料中心建设应充分利用其他社区公共服务和福利设施，实行资源整合与共享。统一规划，合理布局，并充分体现国家节能减排的要求。

第八条　社区老年人日间照料中心建设除应符合本建设标准外，尚应符合国家现行有关标准、定额的规定。

第二章　建设内容及项目构成

第九条　社区老年人日间照料中心建设内容包括房屋建筑及建筑设备、场地和基本装备。

第十条　社区老年人日间照料中心房屋建筑应根据实际需要，合理设置老年人的生活服务、保健康复、娱乐及辅助用房。其中：

老年人生活服务用房可包括休息室、沐浴间(含理发室)和餐厅(含配餐间)；

老年人保健康复用房可包括医疗保健室、康复训练室和心理疏导室；

老年人娱乐用房可包括阅览室(含书画室)、网络室和多功能活动室；

辅助用房可包括办公室、厨房、洗衣房、公共卫生间和其他用房(含库房等)。

第十一条　社区老年人日间照料中心的建筑设备应包括供电、给排水、采暖通风、通讯、消防和网络等设备。

第十二条　社区老年人日间照料中心的场地应包括道路、停车、绿化和室外活动等场地。

第十三条　社区老年人日间照料中心应配备生活服务、保健康复、娱乐、安防等相关设备和必要的交通工具。

第三章　建设规模及面积指标

第十四条　社区老年人日间照料中心建设规模应以社区居住人口数量为主要依据，兼顾服务半径确定。

第十五条　社区老年人日间照料中心建设规模分为3类，其房屋建筑面积指标宜符合表1规定。人口老龄化水平较高的社区，可根据实际需要适当增加建筑面积，一、二、三类社区老年人日间照料中心房屋建筑面积可分别按老年人人均房屋建筑面积 $0.26m^2$、$0.32m^2$、$0.39m^2$ 核定。

表1　社区老年人日间照料中心房屋建筑面积指标表

类别	社区人口规模(人)	建筑面积(m^2)
一类	30 000 ~ 50 000	1 600
二类	15 000 ~ 30 000(不含)	1 085
三类	10 000 ~ 15 000(不含)	750

注：平均使用面积系数按0.65计算。

第十六条　社区老年人日间照料中心各类用房使用面积所占比例参照表2确定。

表2　社区老年人日间照料中心各类用房使用面积所占比例表

用房名称		使用面积所占比例(%)		
		一类	二类	三类
老年人用房	生活服务用房	43.0	39.3	35.7
	保健康复用房	11.9	16.2	20.3
	娱乐用房	18.3	16.2	15.5
辅助用房		26.8	28.3	28.5
合　计		100.0	100.0	100.0

注：表中所列各项功能用房使用面积所占比例为参考值，各地可根据实际业务需要在总建筑面积范围内适当调整。

第四章　选址及规划布局

第十七条　社区老年人日间照料中心的选址应符合城市规划要求，并满足以下条件：

一、服务对象相对集中，交通便利，供电、给排水、通讯等市政条件较好；

二、临近医疗机构等公共服务设施；

三、环境安静，与高噪声、污染源的防护距离符合有关安全卫生规定。

第十八条 社区老年人日间照料中心宜在建筑低层部分，相对独立，并有独立出入口。二层以上的社区老年人日间照料中心应设置电梯或无障碍坡道。无障碍坡道的建筑面积不计入本标准规定的总建筑面积内。

第十九条 社区老年人日间照料中心建设应根据日托老年人的特点和各项设施的功能要求，进行合理布局，分区设置。

第二十条 社区老年人日间照料中心老年人休息室宜与保健康复、娱乐用房和辅助用房作必要的分隔，避免干扰。

第五章 建筑标准及有关设施

第二十一条 社区老年人日间照料中心建筑标准应根据日托老年人的身心特点和服务流程，结合经济水平和地域条件合理确定，主要建筑的结构型式应考虑使用的灵活性并留有扩建、改造的余地。

第二十二条 社区老年人日间照料中心建筑设计应符合老年人建筑设计、城市道路和建筑物无障碍设计和公共建筑节能设计等规范、标准的要求和规定。

第二十三条 社区老年人日间照料中心房屋建筑宜采用钢筋混凝土结构；其抗震设防标准应为重点设防类。

第二十四条 社区老年人日间照料中心消防设施的配置应符合建筑设计防火规范的有关规定，其建筑防火等级不应低于二级。

第二十五条 社区老年人日间照料中心老年人休息室以每间容纳4~6人为宜，室内通道和床(椅)距应满足轮椅进出及日常照料的需要。老年人休息室可内设卫生间，其地面应满足易清洗和防滑的要求。

第二十六条 社区老年人日间照料中心老年人用房门净宽不应小于90cm，走道净宽不应小于180cm。

第二十七条 社区老年人日间照料中心老年人用房应保证充足的日照和良好的通风，充分利用天然采光，窗地比不应低于1:6。

第二十八条 社区老年人日间照料中心的建筑外观应做到色调温馨、简洁大方、自然和谐、统一标识；室内装修应符合无障碍、卫生、环保和温馨的要求，并按老年人建筑设计规范的相关规定执行。

第二十九条 社区老年人日间照料中心供电设施应符合设备和照明用电负荷的要求，并宜配置应急电源设备。

第三十条 社区老年人日间照料中心应有给排水设施，并应符合国家卫生标准。其生活服务用房应具有热水供应系统，并配置洗涤、沐浴等设施。

第三十一条 严寒、寒冷及夏热冬冷地区的社区老年人日间照料中心应具有采暖设施；最热月平均室外气温高于或等于25℃地区的社区老年人日间照料中心应设置空调设备，并有通风换气装置。

第三十二条 社区老年人日间照料中心应根据网络服务和信息化管理的需要，敷设线路，预留接口。

附录一 主要名词解释

1. 日托老年人：到社区老年人日间照料中心接受照料和服务的老年人。

2. 医疗保健室：为日托老年人提供简单医疗服务和健康指导的用房。

3. 康复训练室：为日托老年人提供康复训练的用房。

4. 网络室：供日托老年人上网及通过网络与亲人、朋友聊天的用房。

5. 多功能活动室：供日托老年人开展娱乐、讲座等集体活动的用房。

6. 心理疏导室：为日托老年人及老年人家庭照顾者提供心理咨询和情绪疏导服务的用房。

附录二 用词和用语说明

1. 为便于在执行本标准条文时区别对待，对要求严格程度不同的用词说明如下：

（1）表示很严格，非这样做不可的：

正面词采用"必须"，反面词采用"严禁"；

（2）表示严格，在正常情况下均应这样做的：

正面词采用"应"，反面词采用"不应"或"不得"；

（3）表示允许稍有选择，在条件许可时首先应这样做的：

正面词采用"宜"，反面词采用"不宜"；

表示有选择，在一定条件下可以这样做的，采用"可"。

2. 条文中指明应按其他有关标准执行的写法为"应符合……的规定"或"应按……执行"。

结　语

中国已经步入老龄化社会，并且正在加速老龄化。人们从事工作等各项社会活动的时间将逐渐延长，同时，因年迈而出现各种障碍的人也会越来越多，为了使人们可以更长时间地参与各种社会活动，城市建筑与环境的无障碍化，将成为今后城市建设不可缺少的内容之一，它将作为一个系统、完整的配套体系贯穿于整个城市的方方面面，处处都将以最为安全、方便、快捷的环境条件满足人们各种沟通的需要，为经济的繁荣和社会的发展提供一个可靠的保障。

社会是以物质为基础的，所谓良好的设计是指针对不同人群的特点进行物质器具的匹配。针对老年人的生理、心理和行为特性进行合理的设计，为他们提供安享晚年的无障碍环境。无障碍设计是一个系统化的工程，对无障碍环境的建设应树立起稳定的、持久的科学发展观。

无障碍设计并不是技术问题，也不是加大投资问题，而是认识问题。当认识到无障碍设计是为了方便老年人和有障碍的人，是服务全社会的事业，无障碍建设就会更加快速推进，更加完善发展。

编　者
2016 年 1 月